Wolfgang Berger

Kompost-Toiletten
für Garten und Freizeit

Sanitärtechnik
ohne Wasser und Chemie

ökobuch
Staufen bei Freiburg
www.oekobuch.de

Bibliografische Information der Deutschen Nationalbibliothek

Die Deutsche Nationalbibliothek verzeichnet diese Publikation in der Deutschen Nationalbibliografie; detaillierte bibliografische Angaben sind im Internet unter
http://dnb.d-nb.de
abrufbar.

FSC
www.fsc.org
MIX
Papier aus verantwortungsvollen Quellen
FSC® C089473

1. Auflage 2015
3. verbesserte Aufl. 2020

ISBN 978-3-936896-79-4

Druck: Beltz Grafische Betriebe GmbH, Bad Langensalza

Im ökobuch Verlag sind vom Autor bisher erschienen:

Berger, W.: Scheiße wird Erde – Fäkalienbeseitigung als Ökosystem. Kassel 1987 (vergriffen)

Berger, W.; Lorenz-Ladener, C. (Hrsg.): Kompost-Toiletten – Sanitärtechnik ohne Wasser. Staufen 2008 (vergriffen)
Dieses Fachbuch gilt bei vielen Unternehmensgründungen, Bildungseinrichtungen und Initiativen als Basiswerk für die wasserlose Sanitärversorgung. Es wurde ins Russische und Türkische übersetzt. Viele der dort beschriebenen Fakten und Erkenntnisse sind nun im vorliegenden Buch zusammengefasst.

außerdem wesentliche Beiträge in

Lorenz-Ladener, Claudia (Hrsg.): Kompost-Toiletten – Wege zur sinnvollen Fäkalien-Entsorgung. Staufen, 1992 (vergriffen)

Fotonachweis
Alle Abbildungen und Tabellen im Innenteil, wenn nicht anders angegeben, von Wolfgang Berger, Kiel

Cover-Fotos
Foto 1: Fa. Biolet, Zug / Schweiz
Foto 2: Fa. Kekkilä, Vantaa, Finnland
Fotos 3-4: vom Autor

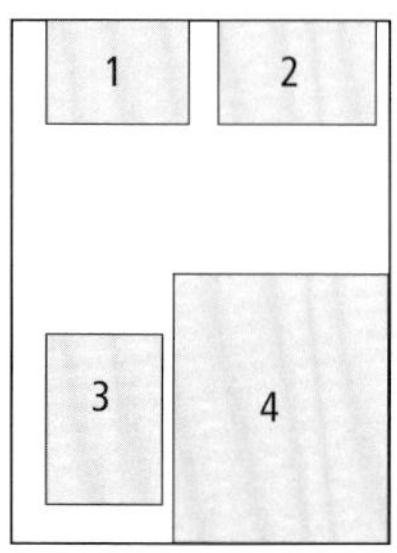

Inhaltsverzeichnis

Eine Toilette darf auch im Baumhotel nicht fehlen (Foto: O. Rohm)

Es geht auch ohne Wasser

Worüber man eigentlich nicht spricht

Jeder ausgewachsene Mensch produziert pro Tag im Durchschnitt ca. 1,5 kg Fäkalien, bestehend aus 100 - 200 g Kot und bis 1,5 l Urin. Der Nährstoffgehalt beider Ausscheidungen in der Jahressumme reicht aus, um damit jährlich über 200 kg Getreide zu erzeugen. Viele alte Kulturen wie die Chinesen und Azteken haben dieses Potenzial über Jahrtausende für die Erhaltung der Bodenfruchtbarkeit und zur Erzeugung ihrer Nahrungsmittel genutzt – nicht immer ohne Rückschläge durch Epidemien. Heute weiß man von der seuchenhygienischen Wirkung der Kompostierung und wendet sie z.B. bei der Klärschlamm- und der Bioabfallkompostierung nach vorgegebenen Regeln und Grenzwerten an. Der Verbraucher kauft den Kompost z.T. als Blumenerde für den Garten. Das in den Fäkalien gebundene Potenzial bleibt jedoch ungenutzt, denn in Deutschland sind bisher menschliche Fäkalien von der Bioabfallverordnung und der Düngeverordnung ausgeschlossen (Abb. 0-1 links).

Die Ursachen dafür sind vielschichtig. Sie liegen u.a. in der Tabuisierung des Themas von Kindheit an bzw. in einer vermeintlichen Ästhetik, die durch immer wieder neue Spültoilettendesigns geprägt wird. Dank der Schwemmkanalisation muss nicht in Frage gestellt werden, was wirklich mit den Ausscheidungen passiert: Mit jeder Spülung vermischt der WC-Benutzer den Nährstoffkreislauf der Natur mit dem Wasserkreislauf (Abb. 0-1 rechts). Aus mittelalterlichen Verhältnissen entwachsen, gibt es in den reichen Industrieländern eine hochentwickelte Klärtechnik, die mit hohem Aufwand und dennoch unvollständig die Mischung wieder zu trennen versucht. Würde dies vollständig gelingen, gäbe es keine Belastung der Gewässer mit Nährstoffen, Krankheitskeimen und Schadstoffen aus Kläranlagen.

Alles geklärt?

Ca. 98% aller Haushalte (in der Schweiz und in Österreich ca. 96%) sind direkt oder indirekt an eine zentrale Kläranlage angeschlossen. Viele Standorte können nicht angeschlossen werden, da die Erschließungskosten für Gemeinden und Anlieger nicht mehr bezahlbar sind oder der technische Aufwand zur Umsetzung den Zweck nicht rechtfertigt. Auch im Freizeitbereich fehlen häufig akzeptable Sanitärlösungen, die mit der zunehmenden Umsetzung der EU-Richtlinien für umweltgerechte und hygienische Verhältnisse sorgen sollen. Allein in Deutschland gibt es z.B. fast 1 Millionen Kleingär-

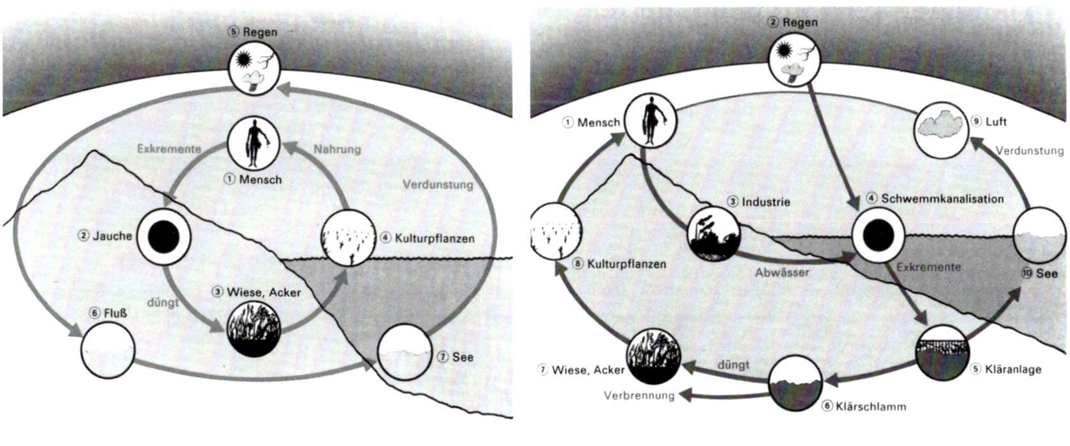

0.1
Wasser- und Nährstoffkreisläufe.

links: Alte Wirtschaftsweise: *Nährstoff- und Wasserkreislauf* sind voneinander getrennt.

rechts: Heutiger Kreislauf mit hohem Wasserverbrauch und großen Nährstoffverlusten.
Quelle: Klötzli, Frank: Unsere Umwelt und wir. Hallwag Verlag, Bern 1980

0.2
Die Toilettensitzung schauspielerisch öffentlich zu zeigen, erzeugt bei den Zuschauern oft Schmunzeln und Schamgefühle, die häufig durch freudiges bis verhaltenes Lachen überdeckt werden. (Straßenkünstler auf der Ramblas, Barcelona, Spanien)

ten, aber auch eine große Anzahl von Vereinsheimen, Wander- und Gebirgshütten, außerdem Badestellen und andere nur saisonal genutzte Einsatzbereiche, für die einfache, kostengünstige und angepasste Toilettensysteme benötigt werden. Auch der Trend, sich einen Rückzugsort oder „Retreat" in einem ausgedienten Bauwagen, einem Baumhaus, Hausboot oder einer Jurte einzurichten, fordert unabhängige Vor-Ort-Lösungen für das Wichtigste: die Toilette.

Konsequenz ohne Wasser

Will man Wasser als Transportmittel für Fäkalien gar nicht erst verschmutzen bzw. ist es dafür nicht in ausreichender Menge vorhanden, so gelangt man zu dem neuen „alten" Sanitärsystem Trockentoilette. Neu ist, dass durch technische und verfahrenstechnische Weiterentwicklungen eine hygienisch einwandfreie Aufbereitung der Fäkalien möglich wird, der Betrieb absolut geruchfrei erfolgt und die Toiletten heutigen Komfort- und Hygieneanforderungen entsprechen. Bis auf eine geringe Menge Wasser zur gelegentlichen Reinigung der Toilette wird kein Wasser verbraucht, mit der Konsequenz, dass fäkalienhaltiges Abwasser (Schwarzwasser) entfällt und das verbleibende Abwasser ohne Fäkalien (Grauwasser) leichter zu reinigen und ggf. wiederzuverwenden ist. Die im Kot und im Urin enthaltenen Nährstoffe bleiben durch natürliche biologische Ab- und Umbauprozesse weitgehend erhalten und können dem Boden als Kompost und Dünger für Pflanzen zurückgegeben werden. Der Kompostmasse können auch organische Küchen- und Gartenabfälle zugegeben werden, um den Kompostierungsprozess zu optimieren. Aus dem ursprünglichen Abwasser wird Abfall, der durch die Eigenkompostierung zum Wirtschaftsgut avanciert. Unter Einhaltung fachlicher und gesetzlicher Regeln tragen die gewonnene Komposterde und der aus Trenntoiletten gesammelte Urin zur Erhaltung und Verbesserung der Bodenfruchtbarkeit bei.

Global denken – lokal handeln

Die Idee, menschliche Exkremente als Bestandteil einer gärtnerischen und landwirtschaftlichen Humuswirtschaft zu verwerten, ist nicht neu (s. Kapitel 1). Ob aus der Not heraus, mangels Dünger oder Wasser, oder aus ökologischen Gründen: Kompost-Toiletten finden zunehmend öffentliches Interesse. Die Grenzen wassergeführter Toilettensysteme sind bekannt. Immer mehr Initiativen, Erfinder und Institutionen arbeiten deshalb daran, andere Lösungen statt der gewohnten Spültoilette zu entwickeln und umzusetzen. Will man dabei erst einmal kleine Schritte in Richtung einer wasserlosen Toilette gehen, so gibt es im Garten, im Kleingarten oder im Wochenendhaus genügend Gelegenheit, auf eigene Faust neue Wege zur Lösung der Toilettenfrage zu beschreiten und alte Tabus und Vorurteile auf den Prüfstand zu stellen. Beispiele marktgängiger Toilettensysteme für den Freizeitbereich wie auch Hinweise und Ideen für den Selbstbau sind in diesem Buch aufgeführt. Sie sollen zum Nachahmen anregen und hoffentlich auch eine nachhaltige Änderung im Bewusstsein bewirken. Dass man mit einer Kompost-Toilette kein Trinkwasser zur Spülung verbraucht, Abwasser gar nicht erst entstehen lässt und Dünger produziert, ist nicht nur für Kinder eine wertvolle und bleibende Erfahrung.

Hamburg, im Dezember 2014
Wolfgang Berger

0.3
Quelle unbekannt

1 Kompost-Toiletten früher

Claudia Lorenz-Ladener

Mit der Verwertung der Fäkalien im Mittelalter zu beginnen, ist wenig lohnend, denn es gab keine – zumindest nicht in den Städten. Zwar gab es schon im 13. und 14. Jahrhundert bauliche Verordnungen über Anlage und Einrichtung von Abtritten, aber erst um die Mitte des 16. Jahrhunderts fand eine geordnete Ableitung der Schmutzwässer allgemeinere Verbreitung.

Senkgruben- und Kübelaborte

Viele Häuser hatten Aborte, die in Flüsse oder Gräben mündeten, und wo dies nicht möglich war, wurden die Schmutz- und Fäkalwässer oft in (ursprünglich wasserdichte) hölzerne Senkgruben geleitet, die ab etwa Mitte des 18. Jahrhunderts durch gemauerte Gruben abgelöst wurden. Mit dem Leeren der Gruben nahm man es allerdings nicht sehr genau, „selbst in den reichsten und besten Häusern ließ man 7, 9, ja 40 Jahre verstreichen, ehe man die Senkgruben räumte. Da nun in Deutschland die Senkgruben fast durchwegs als sogenannte Versitzgruben ausgebaut waren, d.h. mit offener bzw. durchlässiger Sohle, so lässt sich denken, dass unter diesen Verhältnissen der Boden und das Grundwasser bald grenzenlos verseucht und so den Epidemien in den engbebauten mittelalterlichen Städten Vorschub geleistet wurde." (1)

Als Folge wurde vorgeschrieben, die Gruben so zu mauern und zu zementieren, dass kein Sickerwasser mehr austreten konnte und deren Inhalt regelmäßig zu entleeren. Die Entleerung der Gruben geschah am Anfang durch Handarbeit mit Eimer, Karre, Jauchewagen und dergleichen mehr, – wegen der unerträglichen Geruchsbelästigung meist nur nachts, bis ein geruchloserer maschineller Betrieb mittels Saug- und Druckpumpen (pneumatische Abfuhr) die Entleerung auch tagsüber erlaubte. (Abb.1.1)

Bald stellte sich heraus, dass die Senkgruben offensichtliche Mängel hatten. Zement hielt nicht ewig, wodurch die Fä-

1.1 *unten*
Pneumatische Entleerung von Fäkalsammelgruben. „Das Abfuhrfass (1) wird möglichst nahe der Grube (2) aufgestellt, einerseits durch Schlauch- und Rohrleitung (3) mit der Grube, andererseits durch den Luftschlauch (4) mit der Luftpumpe (5) verbunden, wodurch in dem Fasse (1) eine Luftverdünnung erzeugt wird. Durch den atmosphärischen Luftdruck treten sodann die Fäkalien durch die Saugleitung (3) in das Fass (1), dasselbe füllend". Quelle (2)

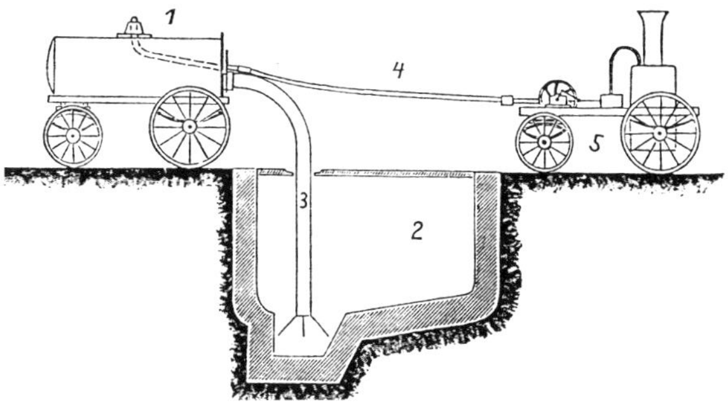

1.3 *unten rechts*
Tragbare Blechtonne: Anschluss der Tonne b an das Fallrohr. Der Syphon s sollte aufsteigende Gase abhalten. Bei nicht rechtzeitiger Leerung konnte Überschussflüssigkeit durch das Röhrchen c in den Eimer k abfließen. Quelle (2)

1.2 Zentralisierte Entsorgung mittels Tonnensystem

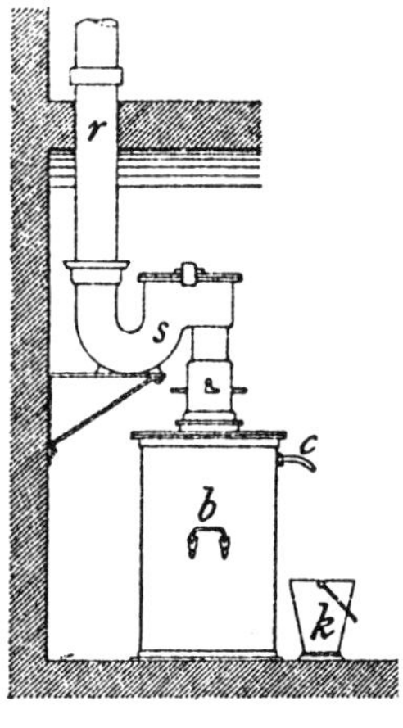

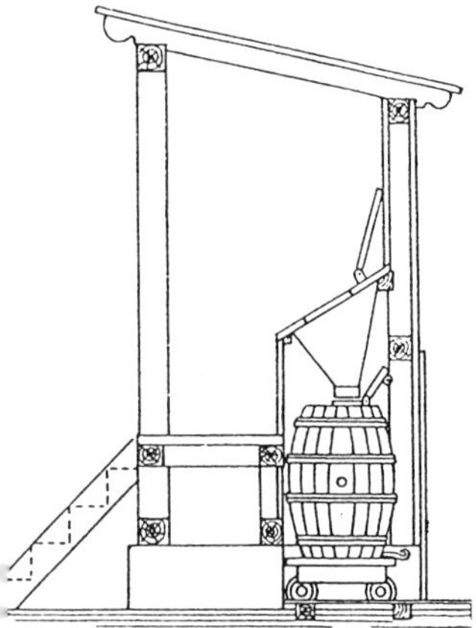

1.4
Toilettenhäuschen auf dem Lande. Quelle (3)

1.5
Das Heidelberger Tonnensystem. Quelle (3)

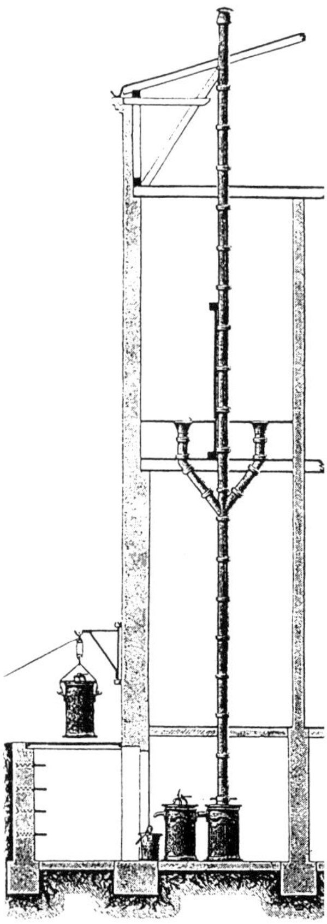

kalien doch wieder versickerten und Boden und Grundwasser verseuchten. Außerdem waren zuweilen Undichtigkeiten fest eingeplant, um das kostspielige und häufige Leeren der Senkgrube zu verringern. Auch kam es in der warmen Jahreszeit für die Anwohner zu Geruchsbelästigungen, die trotz des Einsatzes chemischer und mechanischer Bindemittel unerträglich waren.

Man sann deshalb nach Lösungen, die menschlichen Exkremente schneller zu entfernen, bevor sie in stärkere Fäulnis übergingen. In einigen Städten wurde deshalb das Kübel- und Tonnensystem eingeführt. Anstelle der großräumigen Gruben mündeten die Abtrittrohre nun in kleinere, meist fassförmige und oft rollbare Behälter, die regelmäßig, etwa zweimal die Woche von Bediensteten der Stadtreinigung oder von freien Unternehmern gewechselt wurden (Abb.1.2 und 1.5). Die vollen Tonnen wurden aus der Stadt gefahren und ihr Inhalt entweder direkt zur Düngung von Ackerflächen verwendet oder zusammen mit anderen Stoffen wie Kohlenasche, Küchenabfälle, Kehricht, Erde etc. zu Kompost verarbeitet.

Erd- und Streutoiletten

Mitte des 19. Jahrhunderts kam man darauf, Gerüche weitgehend bis gänzlich zu vermindern, indem den Exkrementen bereits bei der Sammlung Stoffe zugeführt wurden, die den Urin aufsaugten und somit den frischen Exkrementen den zur Fäulnis erforderlichen Wassergehalt entzogen. So konnte der sonst bei der Lagerung entstehende Ammoniak gebunden werden und in der Folge ein Kompostierungsprozess einsetzen, der die Exkremente innerhalb einer relativ kurzen Zeit zu krümeliger, nach „Waldboden" riechenden Komposterde umwandelte. Als Zusatzstoffe wurden Torfmull oder Torfstreu und, falls diese nicht vorhanden waren, humose Erde, Asche, Kehricht, Sägespäne etc. benutzt.

Damit waren die damals als „Erd- oder Streuclosets" benannten Kompost-Toiletten erfunden, die sich allerdings bei weitem nicht in dem Maße verbreiteten, wie es sich ihre Erfinder, Konstrukteure und Befürworter gewünscht hätten.

Die ersten Erd- und Streutoiletten hatten weder Fall- noch Entlüftungsrohr, waren also reine Kübelaborte. Das einfachste Kübelsystem war der offene Kübel („Goldeimer"), der mit einer Sitzbrille ausgerüstet und mit einem Wetterschutz für die Benutzung umgeben wurde, wenn er nicht direkt in einer Ecke des Stalles untergebracht war. Der Inhalt des gefüllten Kübels wurde dem Stallmist beigemengt oder in der Erde vergraben.

Eine weitere einfache Lösung für ein im Haus befindliches Kübelsystem zeigt Abb.1.9. Hierbei stand der Kübel k unmittelbar unter dem Sitzbrett mit Sitzbrillenöffnung. Innerhalb kurzer Zeitintervalle, in der Regel alle 24 Stunden, wurde der Eimer entleert. Die Entnahme des Kübels

1.6 Transportkarre des Heidelberger Tonnensystems. Quelle (4)

1.7 Fäkalientragbütte. Quelle (5)

1.8
Trockenaborte in einer Arbeiterwohnanlage aus dem 19. Jahrhundert in Tampere/Finnland. Auch heute noch werden die Toiletten nachbarschaftlich genutzt. Die Fäkalien fallen vom 1. Stock in einen ebenerdigen Sammelraum und werden mit Hobelspänen und Gartenabfällen abgestreut. Einmal jährlich leert die Stadtreinigung den Fäkalienraum.

geschah entweder durch eine in der Vorderwand des Toilettenkastens eingelassene Tür w oder von außen durch eine Tür im Mauerwerk. Auch in diesem Fall wurden die frischen Fäkalien vergraben oder dem Stallmist beigegeben.

Abb.1.10 zeigt eine in Manchester/England realisierte Konstruktion. Die Aborte befanden sich in separaten Häuschen zu ebener Erde. Jede Toilette hatte einen Behälter, in dem die gesamte Asche aus Küchenherd und Heizöfen gesammelt wurde. An der Rückwand des Abortes war bei *u* ein Kasten mit einer Siebvorrichtung angebracht, so dass die feine Asche in den unter der Sitzöffnung stehenden Behälter *d*, die gröberen Stücke in den Müllkasten *z* fielen. Die Behälter *d* waren aus verzinktem Eisenblech gefertigt und mit einem Verschlussdeckel versehen. Alle 8 Tage wurden sie von einem Unternehmer abgeholt und der Inhalt anschließend als Dünger verkauft oder später auch zur Poudrette-Fabrikation (siehe unten) verwendet.

Abb.1.11 zeigt einen einfachen Erd-Streuabort. Unter dem Abortsitz *s* befand sich ein Behälter *D*, in den die Exkremente fielen. Im Toilettenhäuschen stand ein Kasten k mit fein gesiebter Erde oder Asche, wovon eine kleine Handschaufel voll nach jeder Benutzung auf die Exkremente gestreut wurde.

Eine Weiterentwicklung bestand in einer Toilette, deren Deckel als Streubehälter ausgebildet ist (Abb.1.13). Bei jedem

1.11
Toilettenhäuschen mit Erd-Streuabort und herausziehbarem Fäkalienbehälter. Quelle (3)

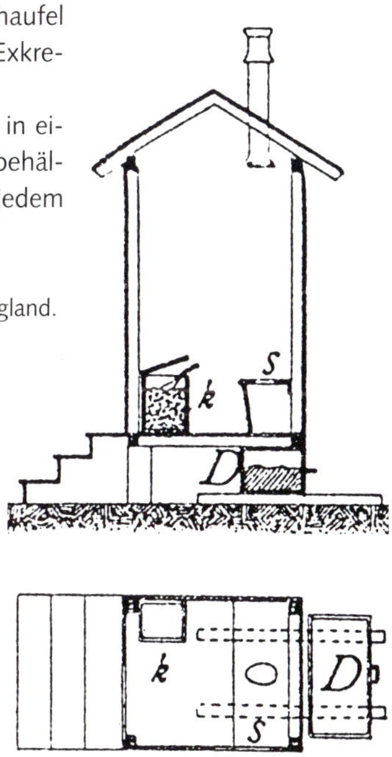

1.9
Einfaches Kübelsystem mit Entnahme von außen. Quelle (2)

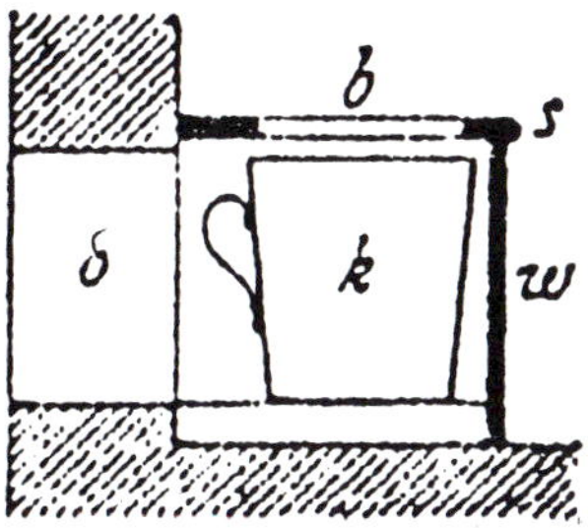

1.10
Asche-Streutoilette aus Manchester/England. Quelle (2)

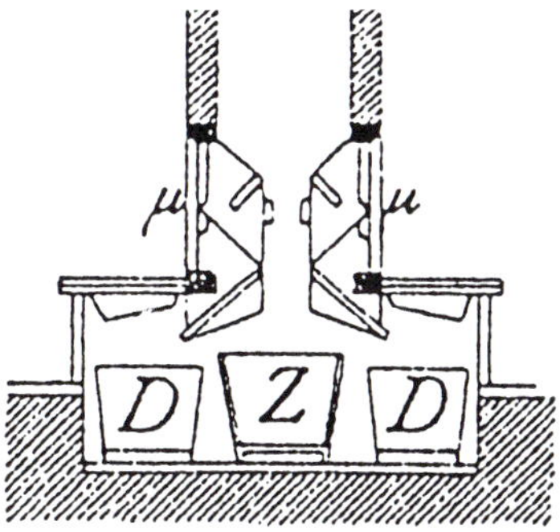

Niederklappen des Deckels wurde gleichzeitig eine abgemessene Portion des Materials auf die Exkremente gestreut. Da der sachgemäße Betrieb und damit auch die Geruchlosigkeit dieser Toiletten allein vom Schließen des Toilettendeckels abhängig waren, ging man dazu über, selbsttätige Streuapparate zu entwickeln. So wurde z.B. beim Benutzen der Toilette das Sitzbrett niedergedrückt, was den Streuautomat in die Lage brachte, dass beim Entlasten des Sitzbrettes die Streuung selbsttätig erfolgte.

Als günstig erwies es sich auch, Urin und die festen Exkremente voneinander zu trennen, da dies den Zersetzungsprozess der Fäkalstoffe fördert und die sich sonst entwickelnden und übel riechenden Gerüche hemmt. Abb.1.16 zeigt ein solches Streu-Toilettensystem. Der Urin wurde aus dem Urinbecken *a* einem z.B. mit Torfpulver gefüllten Filterkorb *C* zugeleitet und von dort aus z.B. in den Hauskanal abgelassen. Die festen Exkremente wurden durch einen beim Niedersetzen und Aufstehen in Tätigkeit gesetzten Streuapparat mit einem Desinfektionspulver (100

1.12
Torftoilette mit Streuautomat im Deckel (vgl. Abb. 1.13), Relikt aus einem Bunker im Wendland. Der Deckel ist gleichzeitig Vorratsbehälter und gibt eine kleine Menge Streu frei, wenn der Deckel geschlossen wird. Wird die Sitzbrille zurückgeklappt, kann der Eimer entnommen werden.

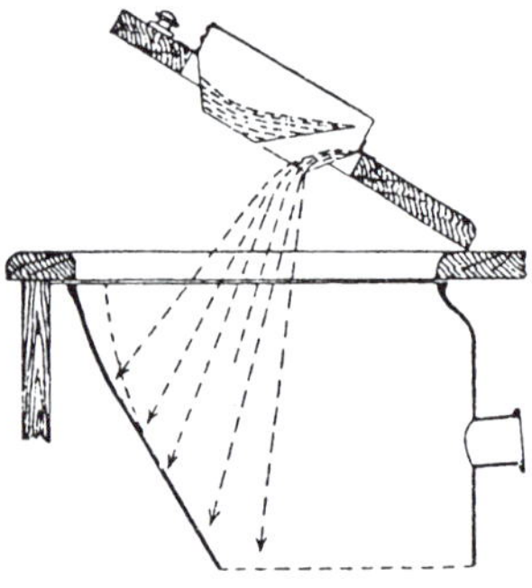

1.13
Trockentoilette mit Streubehälter im Deckel. Quelle (13)

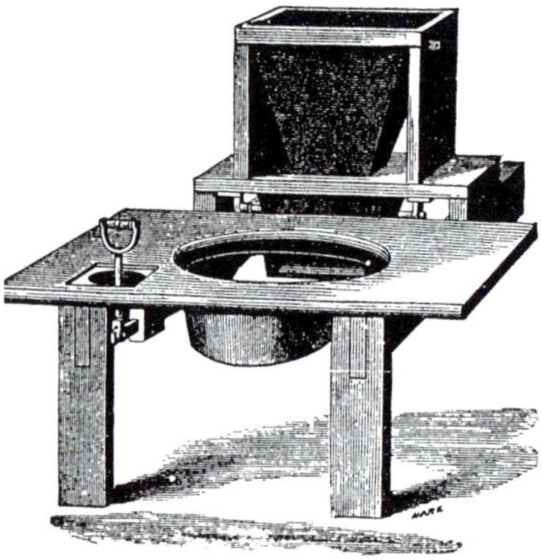

1.14
Erdtoilette mit Streukasten, Schweizer Fabrikat, mit Dosierungsvorrichtung und „Streugriff". Unter den Sitz wird ein Kübel gestellt. Quelle (14)

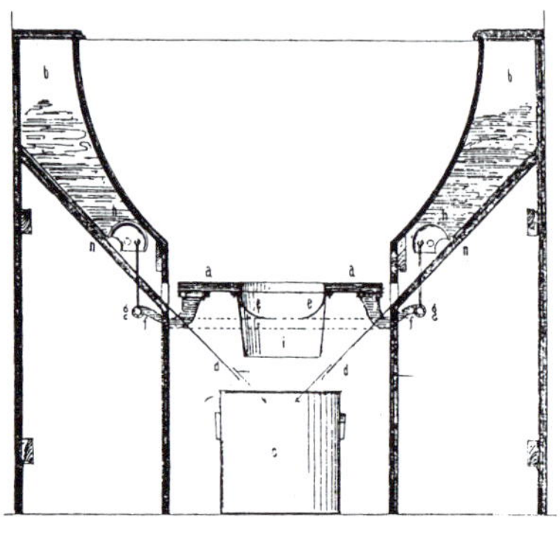

1.15
Streutoilette mit 2 Streubehältern, damit „die beiden jedesmal herabfallenden Erdportionen aneinander prallen und durch den Stoß sich gleichmäßig über die Exkremente vertheilen".

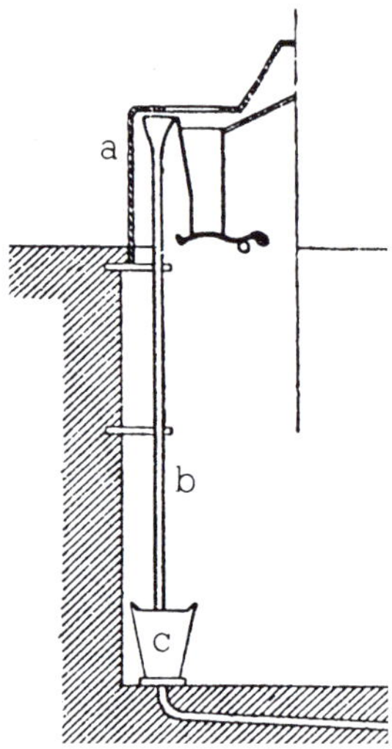

1.16
Trockentoilette mit getrennter Ableitung des Urins. Quelle (13)

Teile gepulverter gebrannter Kalk auf 15 Teile fein gepulverte trockene Holzkohle) bedeckt. Das Gemisch gelangte in einen Behälter unterhalb eines Fallrohres und wurde anschließend in luftigen Schuppen getrocknet, zerkleinert, mit 10 bis 15% Urin vermischt, nochmals getrocknet und dann als Dünger verkauft.

Bei einem anderen Erdklosett-System, das ebenfalls Urin und Feststoffe trennt, wurden mehrere übereinander gelegene Aborte aus einem gemeinsamen, im Dachgeschoss aufgestellten Behälter mit Streuerde versorgt. Der Urin wurde getrennt abgeleitet und in einer Erdschicht gefiltert. Die festen Abfallstoffe fielen auf einen Blechboden und wurden selbsttätig mit Erde bestreut. Durch eine Zugstange am Toilettenstuhl wurde der Blechboden zum Kippen gebracht und das Gemenge aus festen Fäkalien und Erde fiel durch ein Tonrohr in einen fahrbaren Fäkalbehälter.

Die bekannteste Streutoilette aus dieser Zeit ist der um 1860 von dem englischen Pfarrer Moule konstruierte Erdabort (Abb.1.17 und 1.18). Die Exkremente fielen in einen unter dem Sitzbrett befindlichen Behälter *D*, der vorab als Bodenbelag eine dünne Schicht gesiebter trockener Ackererde erhielt. Beim Aufstehen vom Abort rieselte durch einen hinter dem Toilettensitz angebrachten Kasten jeweils etwas getrocknete und durchgesiebte Erde, mit Kohlenasche im Verhältnis 2:1 vermischt, auf die frischen Exkremente.

Nach dem ersten Weltkrieg gewann das Streuklosett bei den Siedlern und Kleingärtnern, die in den Schrebergartensiedlungen und Vororten ihre eigene Selbstversorgung anstrebten, vorübergehend wieder an Bedeutung. Es galt, wirtschaftliche Unabhängigkeit zu schaffen, und dazu gehörte auch, organische Abfälle als Dünger und Bodenverbesserungsmittel zu nutzen (Abb.1.19). In seinem 1926 erschienenen Buch „Deutsche Binnenkolonisation – Sachgrundlagen des Siedlungswesens" rechnet Migge (6) vor, dass den Städten eine Abfallverwertung billi-

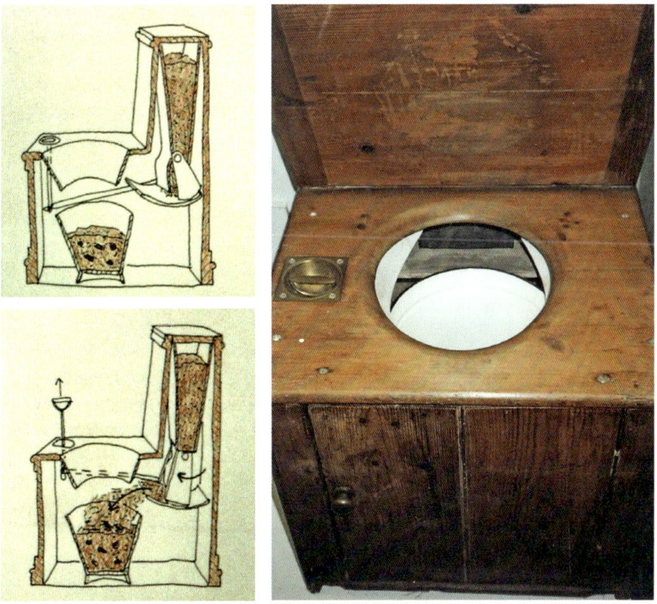

1.17
Moules Erdklosett mit Streuautomat im Science Museum, London, England

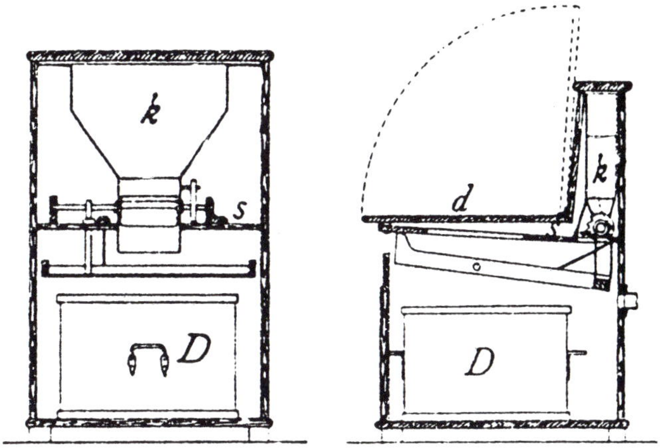

1.18
Schnitt durch das Moule'sche Trockenklo (oben) und Variante des Moule'schen Trockenklos (unten): der tragbare Erd-Streuabort von E. Cohn/Berlin.
„Es sind bei diesem Abort 2 Fäcal-Behälter vorhanden, der größere D1 zur Aufnahme der festen, der kleinere D2 zur Aufnahme der flüssigen Stoffe dienend; die Scheidung soll während der Emission bewirkt werden. *k* ist der mit Erde gefüllte Kasten; *u* ist eine Streutrommel, welche durch Bewegung des Hebels *w* in Thätigkeit gesetzt wird. Nach vollzogenem Gebrauch des Abortes wird der Handgriff *g* ein bis zweimal emporgezogen, dadurch der Hebel *w* in Bewegung gebracht und das Ausstreuen der Erde bei *u* bewirkt." Quelle (2)

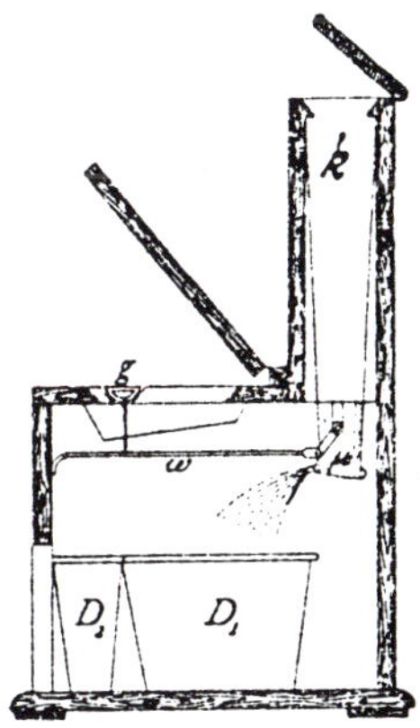

1.19
Karikatur aus "Simplicissimus" zur Abfallverwertung der städtischen Kleingärtner. Quelle (5)

ger käme als die Abfallbeseitigung mittels Schwemmkanalisation. Er führt weiter aus: „Die vielgerühmte Prosperität der Schwemmkanalisation beruht vorzüglich auf dem hohen Stand ihrer Technik, infolge ihrer beispiellosen Investierung von Kopf und Kapital. Demgegenüber steht die Technik der trockenen Abfallwirtschaft noch in den Kinderschuhen. Der gleiche Aufwand, wie bei der heutigen Vergeudung würde auch die Verwertung stadtgemäß, d.h. hygienisch einwandfrei machen".

Die Worpsweder Siedlerschule, der Leberecht Migge angehörte, entwickelte verschiedene Anbau- und Abfallverwertungstechniken, die dem Siedler eine rationelle und produktive Gartenwirtschaft ermöglichten. Über die „Gartenfürsorge" wurde z.B. eine automatisch Torf streuende Kompost-Toilette, das „Metroklo" (Abb. 1.20) vertrieben. Die Fäkalstoffe konnten anschließend in dem dafür entwickelten Dungsilo zusammen mit Kehricht und Asche kompostiert werden. (5)

Nachdem die Siedlungs- und Gartenbaubewegung an Bedeutung verlor, geriet die Kompost-Toilette für einige Jahrzehnte mehr oder weniger in Vergessenheit. Erst Ende der 70er Jahre im Zuge einer beginnenden Bewusstwerdung für ökologische Zusammenhänge gewann sie wieder an Aufmerksamkeit und wird seit etwa Mitte der 80er Jahre in z.B. Schre-

1.20 Das Metroclo

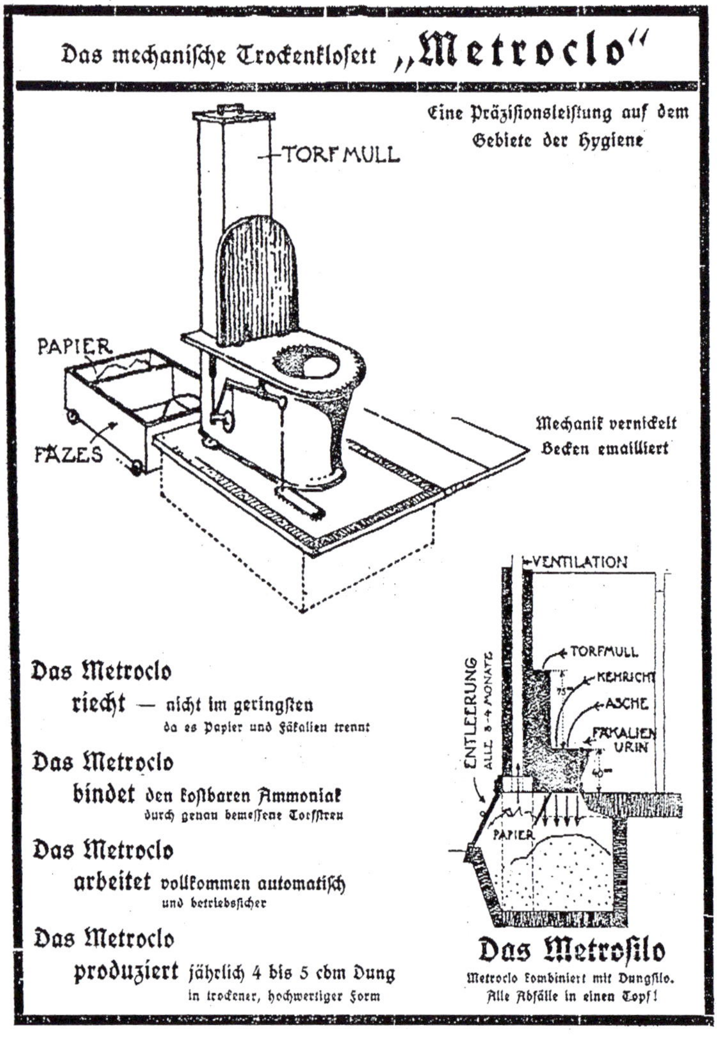

1.21
Kleine Trockentoilette mit großem Stromverbrauch. Eine elektrische Heizmatte in Verbindung mit einem intervallgesteuerten Rührwerk und einem Ventilator sorgt für die Verdunstung des Urins und der Feuchte im Kot. (Mullbänken, Schweden, 1984)

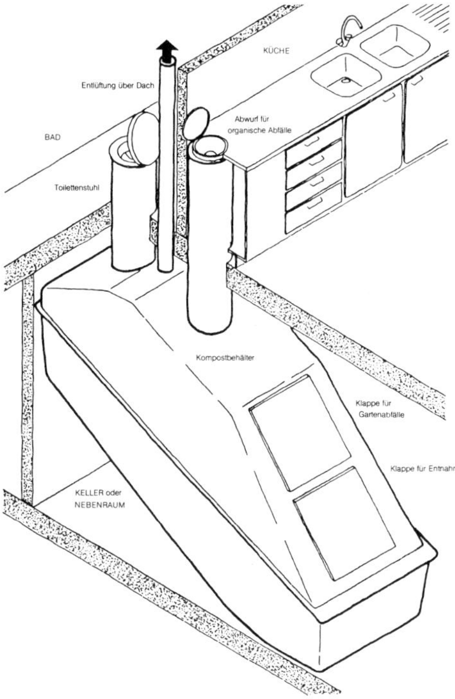

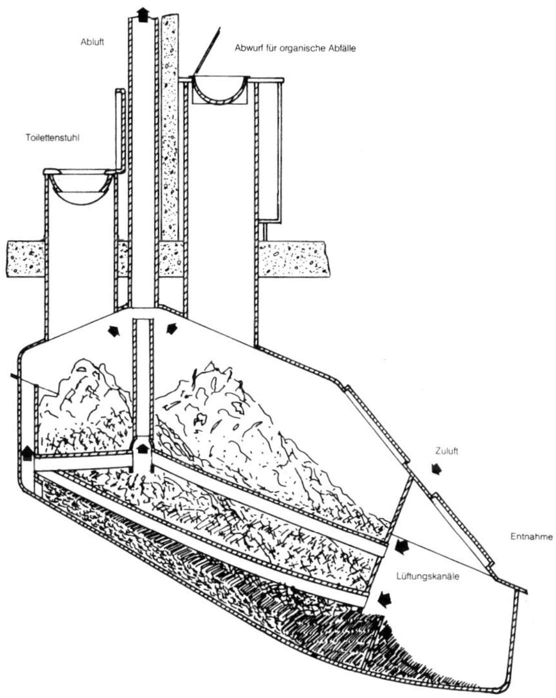

bergärten und in Projekten des ökologisch orientierten Wohnungsbaus eingesetzt. Abgesehen von dem Luxus, dass wir etwa $^1/_3$ unseres kostbaren Trinkwassers als Beförderungsmittel für unsere Ausscheidungen missbrauchen, sollte uns angesichts der steigenden Umweltprobleme vor Augen geführt sein, dass Abfallbeseitigung immer schlechter als Abfallverwertung ist. Der französische Psychoanalytiker Laporte (7) stellt in seinem Buch „Eine gelehrte Geschichte der Scheiße" die These auf, dass sich der Grad der Zivilisation am Umgang mit dem Ausgeschiedenen messen lässt, und er schreibt, dass wir den Müll wegschaffen, vergraben oder wegspülen können - das Ausgeschiedene (oder Verdrängte) werde immer wieder auftauchen und dadurch nur umso eindrücklicher auf seine Anwesenheit aufmerksam machen!

Literatur- & Quellenverzeichnis

(1) Strell, Martin: Die Abwasserfrage in ihrer geschichtlichen Entwicklung. Leipzig 1914, F. Leineweber

(2) Hopp, Adolf: Die pneumatische Gruben-Entleerung. In Sammlung von Abhandlungen über Städtereinigung. Bd. 1. Leipzig 1903, F. Leineweber

(3) Durm/Ende/Schmitt/Wagner (Hg.): Handbuch der Architektur. 3. Teil, Bd. 5, Darmstadt 1883, Joh. Ph. Diehl

(4) Hoffmann, Max: Abfuhrsysteme und Verwertung der Latrine. In: Weyls Handbuch der Hygiene, Bd. 2, Leipzig 1919, Johann Ambrosius Barth

(5) Maquet, Curt: Das Abfuhrsystem. In: Sammlung von Abhandlungen über Städtereinigung. Bd. 1, Leipzig 1903, F. Leineweber

(6) Migge, Leberecht: Deutsche Binnenkolonisation. Berlin 1926

(7) Berger, Wolfgang: Scheiße wird Erde – Sinn und Unsinn der Fäkalienbeseitigung. Abschlussarbeit an der Gesamthochschule Kassel, FB Industrial Design, 1977 (vergriffen)

(8) Laporte, Dominique: Eine gelehrte Geschichte der Scheiße. Frankfurt 1991, Frankfurter Verlagsanstalt

1.22 *oben links*
Rikard Lindströms „geneigter Kompostraum" (Clivus Multrum), wie er bis in die 90er Jahre produziert wurde.

Oben rechts:
Schnitt durch Lindströms Kompost-Toilettenanlage. Die Verbindung von einem schräggestellten Kompostbehälter mit einem Lüftungssystem war seine geniale Erfindung. Zeichnungen: W. Berger

Fertiger Kompost aus einer Kompost-Toilettenanlage in der ökologischen Siedlung Kiel-Hassee

2 Wie aus Fäkalien fruchtbare Erde wird

In diesem Kapitel werden die Verwertungsmöglichkeiten von Kot und Urin unter Berücksichtigung von Hygiene- und Umweltkriterien erklärt. Der Leser erhält Hinweise und Tipps für die Eigenkompostierung und deren Anwendung in der Praxis.

Der Stoffwechselprozess in der Natur

Organische Masse wird seit Jahrtausenden im Laubwald durch die Zersetzungstätigkeit von Bodenlebewesen und Organismen zu nährstoffreicher Erde umgebaut. Durch diesen natürlichen Prozess werden nicht nur pflanzliche Reststoffe umgesetzt, sondern auch tierischer und menschlicher Kot. Der Vorgang findet im Beisein von Luftsauerstoff statt und es dauert z.T. mehrere Jahre, bis die Ausgangsstoffe zu Erde umgesetzt sind. Ursache für die lange Rottezeit sind u.a. die fehlende Wärmeentwicklung in der kalten Jahreszeit und die klimatischen Schwankungen zwischen extremer Trockenheit und Übernässung. Die Zersetzerorganismen sind hauptsächlich in der warmen Jahreszeit tätig, während sie in der kalten Jahreszeit in eine Art Winterschlaf verfallen bzw. sich in die unteren wärmeren Bodenschichten zurückziehen. Der Abbau von organischer Masse findet in mehreren Stufen statt, die sich im Laubwald leicht an den unterschiedlich gefärbten und zersetzten Laubschichten im Waldboden erkennen lassen. Bezogen auf die Stoffwechselprodukte des Menschen bieten Fäkalien die Nahrungsgrundlage für eine Reihe von Organismen, die in jeweils aufeinanderfolgenden Stufen die Stoffwechselprodukte der vorangegangenen Stufe zersetzen. Am Ab- und Umbau sind z.B. in der 1. Stufe vor allem Pilze und Bakterien, aber auch Regenwürmer und Käfer beteiligt, sofern das Material bereits etwas verwelkt bzw. vorgerottet ist.

Eigenkompostierung von Fäkalien

Für die Kompostierung von Fäkalien (Kot und Urin) gelten grundsätzlich dieselben Regeln, wie sie allgemein für eine Kompostierung von biogenen Reststoffen gültig sind. Ein wesentlicher Unterschied besteht jedoch darin, dass die Ausgangsstoffe seuchenhygienisch bedenklich sind.

Ziel der Kompostierung von Fäkalien aus Kompost-Toiletten ist daher,

- Krankheitskeime weitgehend abzutöten,
- Schadstoffe, soweit möglich, unschädlich zu machen,
- das anfallende Volumen zu reduzieren,
- Nährstoffe weitgehend zu erhalten,
- Komposterde als Bodenverbesserungsmittel und Dünger zu gewinnen und
- einen natürlichen Kreislauf zu schließen.

Voraussetzungen für eine erfolgreiche Kompostierung sind

- zerkleinertes organisches Ausgangsmaterial mit großer Oberfläche (Regel: max. fingerlang, daumendick),
- Auswahl und Mischung der Materialien für ein günstiges C/N-Verhältnis 20:1

2.1
So schließt sich der Nährstoffkreislauf: Zersetzungsorganismen bauen organische Substanz in Humus um. Die untere dunkle Laubschicht ist älter und noch nicht vollständig umgesetzt.

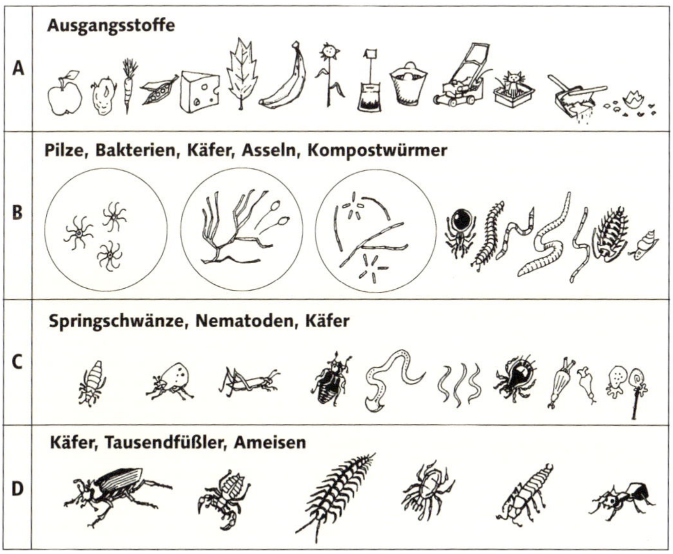

2.2
Zersetzungsstufen im Kompost (Kaltrotte).
Zeichnung: T. Lenecke

2.3
Fäkalienkompostierung. Schreddermaterial und Laub ergänzen sich gut zur Kompostierung von Fäkalien. Der Komposter soll gegen Niederschläge geschützt sein und nach unten Kontakt zum Erdreich haben.
Zeichnung: T. Lenecke

bis 30:1 (auf 1 Teil Stickstoff kommen 20 - 30 Teile Kohlenstoff),

- ausreichende Sauerstoffversorgung in allen Bereichen des Materials, ohne es auszutrocknen,
- Feuchtegehalt zwischen 45 und 55%, in speziellen Fällen auch 25 bis 75%,
- pH-Wert bei 7, bzw. 6 – 8,
- gleichmäßige Bedingungen im Kompost,
- Schutz gegen Auskühlung, Austrocknung, Übernässung, Insekten und Nager.

Je nach Verfahren sollten auch die folgenden weiteren Bedingungen erfüllt sein:

- Bodenkontakt des Kompostgutes oder Impfung mit Kompostorganismen,
- Kontinuierliches Einbringen des Materials oder Zwischenlagerung bis zum vollständigen Aufsetzen,
- Belüftungsrohre im Kompost oder Belüften durch Lockern des Materials
- Drainage überschüssiger Feuchtigkeit oder Bindung durch saugfähiges Streumaterial.

Verfahren für die Eigenkompostierung

Es gibt unterschiedliche Verfahren der aeroben biologischen Umsetzung:

- die langsame Rotte oder Kaltrotte,
- die Wurmkompostierung,
- die Heißkompostierung,
- die Flächenkompostierung und das Mulchen.

Für die Eigenkompostierung von Fäkalien bis zu einer Menge von 1 m³ eignen sich besonders die langsame Rotte und die Wurmkompostierung. Ab einem Volumen von ca. 1 m³ führt die bei der Kompostierung freiwerdende Wärme unter optimalen Bedingungen zu einer Selbsterhitzung des Materials; diese Heißkompostierung ist durchaus erwünscht, weil sie zur schnellen Hygienisierung des Kompostes beiträgt.

Die Flächenkompostierung und das Mulchen sind aus hygienischen Gründen nur mit weitgehend verrottetem Material zur Nachkompostierung und zur Humusversorgung des Bodens zu empfehlen.

Langsame Rotte oder Kaltrotte

Die langsame Rotte, auch Kaltrotte genannt, ist das am häufigsten angewandte Verfahren bei der Eigenkompostierung von Toiletteninhalten. Dabei wird das Material nicht auf einmal, sondern chargenweise mit der Leerung des Auffangbehälters auf den Kompost gebracht. Selbsterhitzungsprozesse über den mesophilen Bereich (d.h. bei 20 - 40°C) hinaus sind dabei eher zufällig. Da kein einheitlich zusammengesetztes Kompostmaterial zur Verfügung steht, ist es notwendig, das Material in regelmäßigen Abständen zu lockern und mit einer Schicht Gartenerde oder Strukturmaterial abzudecken. Erst die Nachkompostierung des vorgerotteten Materials in einem weiteren mindestens 1 m³ großen Kompostbehälter bietet gute Voraussetzungen für einen gesteuerten Kompostierungsprozess, bei dem die zur Hygienisierung notwendigen höheren Temperaturen erreicht werden (s. Heißkompostierung).

Wurmkompostierung

Bei ausreichend vorhandener Wurmmasse wird die Zersetzung der organischen Substanzen durch den Stoffwechsel von Regenwürmern beschleunigt. Bei ausreichender Feuchtigkeit und regelmäßigem Nahrungsangebot vermehrt sich z.B.

der Rote Mistwurm (*Eisenia fötida*) sehr schnell und ist fähig, das Eineinhalbfache seines Eigengewichts täglich an Nahrung aufzunehmen und zu verdauen. Regenwürmer wie der Rote Mistwurm ernähren sich von angerotteten Substanzen, halten sich aber auch in der Nähe von Fäulnisherden auf, um diese allmählich zu beseitigen.

Die grabende Tätigkeit des Regenwurms verbunden mit seinem starken Materialdurchsatz ist ideal für den Abbau der organischen Masse, die bei der Kompostierung von menschlichem Kot entsteht. Urin dagegen, als hauptsächlicher Stickstoffträger, schadet wegen seiner Neigung zur Ammoniakbildung der Wurmkompostierung und kann sie zum Erliegen bringen. Auch sind ein möglichst neutraler pH-Wert, ausreichende Feuchtigkeit (50 - 75 %) und Temperaturen zwischen 10 und 30°C Voraussetzungen für eine stabile Entwicklung und Vermehrung der Würmer. Langjährige Erfahrungen von Kompost-Toilettenbenutzern haben gezeigt, dass der direkte Kontakt mit menschlichem Kot die Tiere abschreckt und sie in bereits angerottete Bereiche der Kompostmasse vertreibt. Gute Erfahrungen dagegen liegen bei der Nachkompostierung von Fäkalkomposten mit Kompostwürmern vor. Das Kompostmaterial bekommt eine krümelige und homogene Struktur, so dass es sich optisch nicht von anderen Komposten unterscheidet. Regenwurmkompost gilt daher als ein hochwertiger Pflanzennährstoff und Bodenverbesserer.

Heißkompostierung

Von Heißkompostierung spricht man, wenn zu kompostierendes Material unter den o.g. Voraussetzungen in Mengen ab 1 m^3 aufgesetzt wird und sich auf Temperaturen von 60°C und darüber selbst erhitzt. Die Heißkompostierung ist grundsätzlich von jedem durchführbar, erfordert aber ein sorgfältiges Vorgehen. Das zu kompostierende Material mit den Zuschlagstoffen sollte in einem einzigen Arbeitsgang aufgesetzt werden, also nicht chargenweise in zeitlichen Abständen wie bei der langsamen Rotte.

Das Verfahren ist im Wesentlichen durch drei Phasen charakterisiert: die Abbau-, die Umbau- und die Aufbauphase. In der Abbauphase findet ein intensiver Masseabbau statt, verbunden mit einer starken Temperaturerhöhung des Kompostmaterials. Dabei können in Gartenkomposten innerhalb weniger Tage Temperaturen von 50 - 70°C entstehen. Nach ca. 4 Wochen geht der Prozess der Heißkompostierung in die Umbauphase über und die Temperaturen gehen auf ca. 35°C zurück. Eine andere Organismengruppe wird unter diesen Bedingungen aktiv und gibt dem Material eine krümelige Struktur. Nach weiteren 4 - 6 Wochen pendelt sich die Temperatur auf Werte um die Außentemperatur ein, verbunden mit dem Aufbau nährstoffreicher und pflanzenverträglicher Komposterde.

Die Heißkompostierung dient in erster Linie der Entseuchung bzw. Zerstörung von Krankheitskeimen und Unkrautsamen. Da bei fachgerechter Durchfüh-

2.4
Der Rote Mistwurm, auch als Kompostwurm bekannt, frisst täglich mehr als sein Eigengewicht und vermehrt sich reichlich, wenn er ideale Bedingungen hat. Kompostwürmer „arbeiten“ 24 Stunden am Tag und produzieren dabei hochwertige Wurmerde.

2.5
Rindenschrot besteht aus getrockneter und fein gehäckselter Nadelholzrinde. Als Einstreu für Fäkalien bindet es Gerüche und Urin und verbessert das C/N-Verhältnis im Kompostierungsprozess.

rung Temperaturen über 60°C erreicht werden, können auch Spulwurmeier wirksam abgetötet werden. Die hohe Temperatur tötet allerdings auch nützliche Zersetzer ab und ein Teil der Nährstoffe geht verloren. Je nach Verfahren ist es daher wichtig, nach einer Erhitzungsphase von 2 Tagen bis 2 Wochen das Material mindestens einmal umzusetzen. Beim Umsetzen wird das Material gemischt und gelockert, was die Oberfläche zur besseren Sauerstoffaufnahme vergrößert. Nach einer weiteren Selbsterhitzungsphase gilt das Material als seuchenhygienisch einwandfrei und kann auch für die Düngung von Nutzpflanzen verwendet werden.

Die einzelnen Temperatur- und Zeitvorgaben sind in der Bioabfallverordnung (BioAbfV) aufgeführt, die jedoch für die Eigenkompostierung keine Gültigkeit hat.

Tabelle 2.6
Beim Ausgleich des C/N-Verhältnisses sind auch die sonstigen Eigenschaften der Stoffe zu beachten. Durch ein weites C/N-Verhältnis verlangsamt sich die Kompostierung, bei einem engeren treten Stickstoffverluste auf. Ideal ist ein Verhältnis von 20-30 : 1.
n.r. = nicht relevant
– = ungünstig
+ = günstig
k.A. = keine Angaben

Eigenschaften kompostierbarer Materialien

Material	C/N-Verhältnis	Absorptionsvermög.	Geruchsbindung	Strukturbildung	Rotteförderung	Verfügbarkeit	Kosten
Ausgangsstoffe							
Fäzes	10	–	–	–	–	+	n.r.
Urin	0,8	–	–	–	+	+	n.r.
Fäkalien	6 - 10	–	–	–	–	+	n.r.
Toilettenpapier	1000	+	–	+	–	+	n.r.
Biogene Reststoffe Haushalt							
Essensreste	k.A.	–	–	–	+	+	+
Küchenabfälle	20 - 25	–	–	+	+	+	+
Blumenreste	k.A.	–	–	+	+	+	+
Kleintierstreu	k.A.	–	+	+	+	+	+
Holzasche	n.r.	–	+	–	+	+	+
Papier/Pappe	150-1000	+	–	+	–	+	+
Biogene Reststoffe Garten							
Rasenschnitt	15 - 20	–	+	+	+	+	+
Laub	40 - 70	+	+	+	+	+	+
Baum- u.Strauchschnitt	70 - 150	+	+	+	+	+	+
Shreddermaterial	100 - 230	+	+	+	+	+	–
Zuschlagstoffe							
Rindenmulch	100 - 130	+	+	+	–	+	–
Rindenschrot	50	+	+	+	–	–	–
Sägemehl/Hobelspäne	100 - 500	+	+	+	+	+	–
Holzhäcksel/-pellets	100 - 500	+	+	+	+	–	–
Strohhäcksel/-pellets	50 - 150	+	+	+	+	–	–
Hanf-/Flachshäcksel	k.A.	+	+	+	+	–	–
Gartenerde	10 - 15	+	+	–	+	+	+
Hilfsstoffe							
Naturkalk	k.A.	–	–	–	+	+	–
Gesteins-/Toninmehl	k.A.	+	+	–	+	+	–
Algenmehl	k.A.	+	–	–	+	–	–
Traubentrester	50	+	+	–	+	–	–

Flächenkompostierung und Mulchen

Bei beiden Verfahren wird das Rottematerial flächig auf den Boden ausgebracht. Bei der Flächenkompostierung arbeitet man das Material leicht in den Boden ein oder vermischt es mit der oberen Bodenschicht. Das Aufbringen von frischem Kot oder Fäkalien auf den Boden ist aus hygienischen Gründen nicht vertretbar. Voraussetzung für die Flächenkompostierung wie für das Mulchen ist ein ca. sechsmonatige Vorkompostierung des Toiletteninhaltes in einem Komposter und ein biologisch aktiver Boden, damit das Material vollständig umgesetzt wird. Die Kompostierungsbedingungen sind im Gegensatz zur Umsetzung in einem Komposter schwer steuerbar, insbesondere was den Feuchtigkeitsgehalt betrifft. Dagegen kann die UV-Strahlung der Sonne dazu beitragen, verbliebene Krankheitskeime auf der Oberfläche abzutöten.

Zubehör und Kompostierungshilfsstoffe

Zuschlagstoffe

Ohne zusätzliches Material würden Fäkalien und Kot (bei abgetrenntem Urin) nicht kompostieren. Das Wort „Kompost" bedeutet „Zusammengesetztes", d.h. Zuschlagstoffe sind notwendig, um die Voraussetzungen für eine Kompostierung zu erfüllen.

In der Praxis heißt dies,

- schichtweise trockenes zu nassem Material zu geben oder zu mischen,
- schichtweise feines zu grobem Material zu geben oder zu mischen,

- schichtweise stickstoffreiches zu kohlenstoffreichem Material zu geben oder zu mischen.

Die Zuschlagstoffe können aus dem eigenen Haushalt stammen; geeignet sind biogene Reststoffe aus der Essenszubereitung und Essensreste, farblose Papier-, Zeitungs- und Wellpappefetzen, oder Stoffe aus dem Garten wie Baum- und Strauchschnitt, Laub und Rasenschnitt. Sind diese Materialien nicht oder nicht in ausreichender Menge vorhanden, so eignen sich auch zerkleinerte Nadelholzrinde, Hobel- oder Sägespäne, Stroh- oder Holzhäcksel. Die jeweiligen Eigenschaften und Einsatzzwecke sind in Tab. 2.6 abzulesen.

Tipp: Um das Verdichten einzelner Schichten oder Materialmischungen durch ihr Eigengewicht zu verhindern, sollte man die Kompostmasse regelmäßig mit einer Mistgabel oder einem Belüftungsstab lockern, damit die Zersetzerorganismen ausreichend Sauerstoff erhalten.

Aktivatoren

Sind die Voraussetzungen für eine erfolgreiche Kompostierung (s.o.) gegeben, so kann der Zersetzungsprozess durch pflanzliche und mineralische Zusätze verbessert und ggf. beschleunigt werden. Kompoststarter und –beschleuniger, wie sie im Handel besonders für die Schnellkompostierung von Laub und anderen Gartenabfällen angeboten werden, eignen sich für die Kompostierung von Fäkalien nicht. Der benötigte Stickstoff bei hohem Kohlenstoffanteil (Einstreu, Toilettenpapier) ist bereits im Urin enthalten oder kann über den Urin gesättigt werden. Ein guter Beschleuniger ist die Zugabe von Fäkalien-Rohkompost zur Animpfung, da darin i.d.R. die notwendigen Zersetzerorganismen und Bodentiere wie Asseln, Springschwänze und Kompostwürmer enthalten sind. Auch sind wenige Eimer Pferde- oder Ziegenmist gut geeignet, um das Bakterienleben im Kompost zu aktivieren. Als weitere "Starter" eignen sich Algenkalk und Trester, da beide keinen zusätzlichen Stickstoff einbringen. Im Handel werden auch verschiedene Bakterienmischungen auf der Basis von Milchsäurebakterien oder Hefepilzen angeboten. Leider existieren nur einzelne Erfahrungsberichte von Betreibern von Kompost-Toiletten, die diese oder ähnliche Präparate anwenden (z.B. Effektive Mikroorganismen EM, Kräutermischungen und Essenzen des organischen und biologisch-dynamischen Gartenbaus).

Tipp: Sollte der Kompost sich nicht genügend erwärmen, so hilft ein in warmem Wasser (ca. 5 l) mit 0,5 kg Zucker aufgelöster Hefewürfel. Das Gemisch wird mit einer Gießkanne schichtweise beim Aufsetzen vergossen oder über die Oberfläche des fertigen Komposthaufens verteilt.

Mineralien

Komposttiere wie der Mistwurm benötigen für ihre Verdauung und den Aufbau der Ton-Humus-Komplexe regelmäßige Zugaben von Mineralien wie Gesteins- und Basaltmehl. Auch lässt sich der pH-Wert durch Zugabe von Naturkalk, auch Kalziumkarbonat oder kohlensaurer (gelöschter) Kalk genannt, oder Algenkalk erhöhen, wenn sich ein saures Milieu (pH-Wert unter 6,5) entwickeln sollte. Der Zusatz von Ätzkalk, auch Calciumoxyd oder (ungelöschter) Branntkalk genannt, wie er teilweise zur Hygienisierung von Fäkalgruben im Katastrophenschutz eingesetzt wird, würde das Bodenleben durch seine ätzende Wirkung zerstören. Branntkalk ist daher für die Kompostierung ungeeignet.

Tipp: Um den pH-Wert zu senken, eignen sich Trester und Holzasche von unbehandeltem Holz.

Terrapreta-Substratmischungen

Im Unterschied zu anderen Streumaterialien bestehen die Fertigmischungen im Wesentlichen aus einem Gemisch von Holzkohlepulver, Milchsäurebakterien, Enzymen, Hefen und Mineralien. Terrapreta-Substrat-Mischungen und andere Fertigmischungen auf der Basis von Holzkohle beeinflussen die Geruchsbindung von Kot ohne Urin positiv, indem sie fäulnisbildende Prozesse überlagern und in einen Fermentierungsprozess umwandeln. Der hohe Harnstoffgehalt von Urin hemmt allerdings die Fermentierung, deshalb sollte der Urin von vornherein abgetrennt werden. Fermentierungsprozesse gehen üblicherweise mit einem leicht süß-säuerlichen Geruch einher, wie er von Sauerkraut, Brottrunk oder Silage in der Nutztierfütterung bekannt ist. Von den Anbietern der Substrate wird in der Regel eine 6 – 8 wöchige Zwischenlagerung bis zum Abschluss des Fermentierungsprozesses empfohlen. Anschließend wird der Inhalt in eine Wurmkompostierung oder in einen Komposter geleert, damit das Material vererden kann.

Komposter

Offene Kompostmieten und Kompostsilos sind für die Fäkalienkompostierung schlecht geeignet, da sie keinen ausreichenden Schutz gegen Vernässen und Austrocknen bieten. Es kommen daher nur geschlossene Komposter mit Deckel in Frage, auch damit der Inhalt nicht durch Vögel, Kleintiere und Wind in die Umgebung gelangt. Die Anzahl und Größe der einzelnen Komposter richtet sich nach der Gesamtjahresmenge des anfallenden Materials, einschließlich der Mulchlagen zur Abdeckung der einzelnen Chargen. Um eine Kontamination des frischen Materials mit fertig gerottetem Material zu vermeiden, sollte man eine kleine Kompostwirtschaft mit mindestens zwei Kompostern betreiben. Man füllt einen Komposter nach dem anderen und leert den zuerst gefüllten, wenn der zuletzt gefüllte voll ist. Das Angebot an günstigen Kompostern aus Kunststoff und imprägniertem Holz ist groß, doch ist die Haltbarkeit durch instabile Konstruktionen häufig auf nur wenige Jahre begrenzt.

Kriterien für die Auswahl eines Komposters bzw. Empfehlungen sind

- chemikalienbeständiges und frostfestes Material,
- ausreichende Lüftungsöffnungen zu allen Seiten,
- stabile Ausführung, damit keine Verformungen auftreten,
- große Entnahmeöffnung,
- leichte Entnahme des gesamten Inhalts,
- nagesicheres Bodengitter (geschweißter Karnickeldraht),
- ggf. Kombinierbarkeit mit weiteren Kompostern für Wechselbetrieb/Kompostwirtschaft.

Tipp: Eine Alternative zu käuflichen Kompostern sind mit einem Deckel verschließbare, gebrauchte und gereinigte Kunststofffässer. Man bohrt eine Reihe von Löchern (d = 5 - 10 mm) in Abständen von ca. 20 cm seitlich und in der Höhe und

Tabelle 2.7 Thermokomposter oder andere geschlossene Komposter eignen sich gut für die Fäkalienkompostierung. Durch die geschlossene Bauweise ist der Inhalt vor Witterungseinflüssen und vor Tieren geschützt.
+ = günstig
– = ungünstig
0 = neutral

Kompostiersysteme für Toiletten- und Gartenabfälle

Kriterien / System	Regulierungsmöglichkeit	Schutz vor Niederschlägen	Schutz vor Austrocknung d. Wind + Sonne	Schutz vor Nagetieren	Wechselwirtschaft möglich	Entnahme	Platzbedarf	ca.-Preis
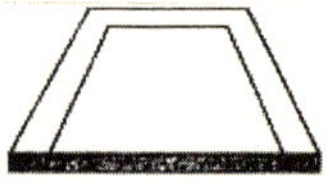 Kompostmiete	+	–	0	–	+	+	–	0,00 €
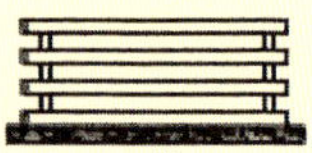 Kompostsilo	0	–	–	–	0	0	0	ab 20 €
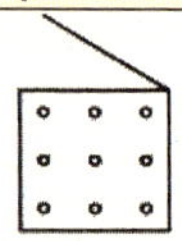 Thermokomposter	0	+	+	+	+	0	+	ab 50 €

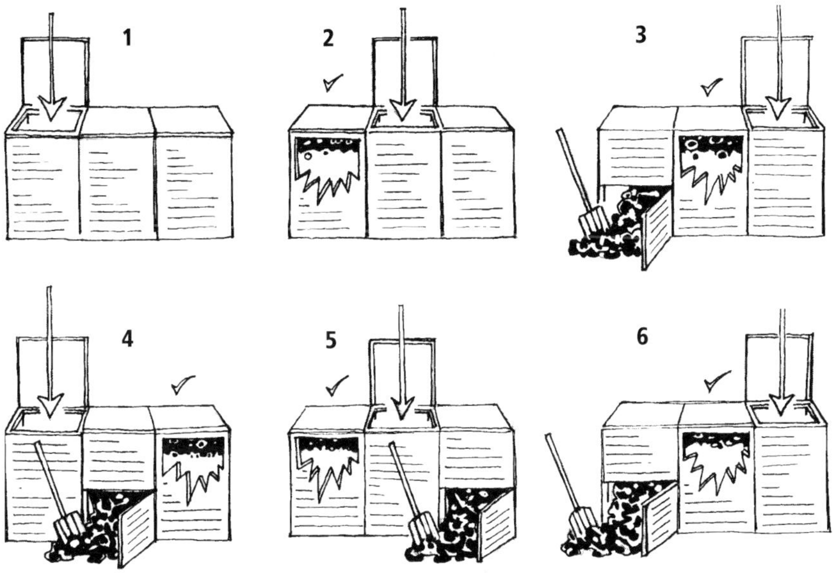

2.8
Kompostwirtschaft im Kleinen: Wenn der zuletzt gefüllte Komposter voll ist, wird der zuerst befüllte geleert. So kann sich fertiger Kompost nicht mit frischem Material vermischen.
Zeichnung: T. Lenecke

streut eine Drainageschicht aus Holzhäcksel oder Rindenschrot auf den Innenboden. Wenn das Fass zu Dreiviertel gefüllt ist, deckt man die Oberfläche mit Komposterde, Laub oder Rasenschnitt ab und verschließt das Fass. Um das Material gelegentlich zu lockern und zu durchmischen, dreht man das geschlossene Fass um oder rollt es seitlich auf einem ebenen Boden hin und her. Der biologische Ab- und Umbauprozess lässt sich beschleunigen, indem man eine Handvoll Kompostwürmer einsetzt.

Tipp: Komposter aus imprägnierten Holzbrettern werden irgendwann zu Sondermüll, der dann schwer zu entsorgen ist. Hölzer, die keine Imprägnierung benötigen, sind Douglasie und Lärche. Einfacher ist es, Fichten- oder Kiefernbretter zu verwenden und den Komposter alle paar Jahre neu zu bauen. Auch Paletten sind ein beliebter Baustoff für einfache Komposter, sie sind aber durch ihr Eigengewicht schwer zu handhaben.

Arbeitsgeräte

Als Geräte zur Lockerung und zum Belüften des Kompostes eignen sich Stangen, an denen am Ende ein beweglicher Widerhaken, auch Kompostbelüfter genannt, angebracht ist. Sticht man den Belüftungsstab in die Kompostmasse, so legen sich die zwei axial gelagerten Metall- oder Kunststoffflügel an den Stab an und spreizen sich beim Herausziehen. Durch Auf- und Abwärts- bzw. Hin- und Herbewegen des Stabes wird das Material je nach Stablänge bis in die tiefen Schichten des Kompostes gelockert. Mit diesem Gerät lässt sich auch Kompost entnehmen. Für die Entnahme größerer Mengen an Kompost ist eine Mist-, Grabe- oder Kompostgabel mit möglichst abgerundeten Zinken am besten geeignet, sofern der Kompostbehälter eine genügend große Entnahmeöffnung hat. Für kleine Mengen eignen sich Handgabeln mit abgerundeten Zinken, um die Komposttiere nicht zu verletzen. Aus diesem Grund sind Spaten oder Schaufeln zur Entnahme ungeeignet.

Kontrollgeräte

Die Kontrolle der Temperatur im Kompost gibt Hinweise auf den Zustand des Prozesses und dessen Verlauf. Kompostthermometer sollten einen Temperaturfühler mit einer Einstichtiefe von mindestens 50 cm haben. Auch ein Einmachthermometer kann schon nützliche Hinweise geben. Die Handprobe oder die Beobach-

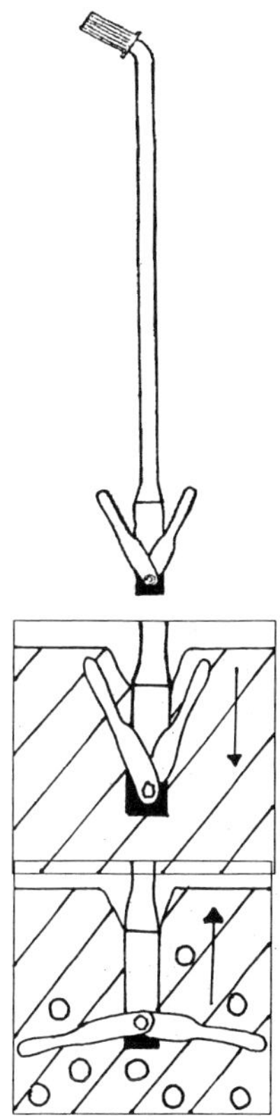

2.9
Belüftungsstab für den Kompost. Durch das Spreizen der Flügel beim Herausziehen wird der Kompost gelockert und bekommt Luft.
Zeichnung: Koops Kompostiersysteme

2.10
Einstechthermometer zur Messung der Temperatur im Kompost.

tung der Wasserdampfentwicklung sind weitere einfache, jedoch ungenaue Möglichkeiten der Temperaturmessung.

Um den Feuchtegrad des Kompostes auf einfache Art zu kontrollieren, nimmt man eine Handvoll Kompost in die Hand und drückt sie in der Faust aus: Tritt Wasser aus, ist der Kompost zu feucht, fällt er krümelig auseinander, ist er zu trocken. Bleibt er klebrig und formstabil, ist der Kompost genügend feucht. In trockenem Kompost verlangsamt sich die Aktivität der Kompostorganismen bis zum Stillstand, bei zu nassem Kompost kommt es zu Fäulnis durch das Absterben der aeroben Organismen. Deshalb sind der menschliche Geruchsinn und der optische Eindruck wichtige Messinstrumente zur Kontrolle des Feuchtegrades.

Für die Kompostorganismen ist es lebenswichtig, dass der pH-Wert des Kompostes im neutralen Bereich (pH-Wert 6,5 bis 7,5) liegt. Der pH-Wert kann mit Lackmuspapier (Indikatorstäbchen aus der Apotheke) kontrolliert werden. Dazu stellt man eine wässrige Lösung aus Kompostmaterial und destilliertem Wasser her und taucht nach Anweisung des Herstellers den Lackmusstreifen ein. Auf einer beigefügten Farbskala lässt sich der ungefähre pH-Wert ablesen. Abweichungen vom neutralen Bereich können z.B. durch Zugabe von kohlensaurem Kalk (bei pH-Werten unter 6,5) oder Zugabe von Rindenmulch, Hobel- und Sägespänen (bei pH-Werten über 7,5) korrigiert werden. Digitale pH-Wert-Messgeräte eignen sich für den regelmäßigen Einsatz, müssen jedoch für eine genaue Bestimmung des pH-Wertes immer wieder kalibriert (geeicht) werden.

Gerüche von Buttersäure, Schwefelwasserstoff und Ammoniak sind Kennzeichen fehlender Sauerstoffversorgung und immer Anzeichen von Nährstoffverlusten.

Kompostanwendung

Das Aufbringen von Kompost hat für Boden und Pflanzen in mehrfacher Hinsicht große Bedeutung:

- Versorgung mit leicht verfügbaren Pflanzennährstoffen
- Versorgung des Bodens mit organischer Masse
- Verbesserung der Wasserhaltefähigkeit des Bodens
- Aktivierung des Bodenlebens
- Unterstützung der Bodenfruchtbarkeit und der Pflanzengesundheit
- Inaktivierung von Krankheitskeimen und Unkrautsamen

Während des Kompostierungsprozesses werden die Ausgangsstoffe soweit ab- und umgebaut, dass der fertige Kompost nur noch 10 – 20% des ursprünglichen Volumens ausmacht. Dabei findet ein Konzentrationsprozess an Nährstoffen statt, so dass Kompost nicht nur als organische Masse, sondern auch als Dün-

2.11
Die durchschnittliche Ausbeute an Komposterde aus den Kompost-Toiletten beträgt nur 40 l pro Person und Jahr. Mit Gartenerde vermischt ist sie ein wichtiger Beitrag zur Humus- und Nährstoffversorgung des Bodens.
rechts:
So nicht: Damit in einem Gitterkomposter eine Nachkompostierung möglich wird, sollte man diesen besser z.B. mit einer schwarzen Folie abdecken und die Seitenwände mit einer Schilfmatte gegen Austrocknung bzw. Vernässung schützen.

ger anzusehen ist. In vielen Gartenböden besteht bereits eine Überversorgung an Nährstoffen wie Phosphat und Kalium, die bei weiteren Düngegaben zu berücksichtigen sind. Überdüngungen ziehen Qualitätseinbußen und Krankheiten bei den Pflanzen nach sich. Erst in zweiter Linie gehen sie zu Lasten des Grundwassers und in geringem Maße zu Lasten des Bodens. Eine Überdüngung des Bodens lässt sich vermeiden, indem man durch Bodenproben im Abstand von ca. 5 Jahren den Nährstoffgehalt des Bodens überprüft (Messgeräte oder Bodentestset gibt es im Gartenhandel, eine genaue Bodenanalyse kann z.B. bei LUFA bestellt werden). Aus dem Ergebnis lassen sich der Nährstoffbedarf und die jährliche Aufbringungsmenge an Kompost für die Pflanzen bestimmen. Vor allem dürfen keine weiteren Düngungen, außer Ergänzungsdüngungen, durchgeführt werden.

Um Boden- und Gewässerbeeinträchtigungen zu vermeiden, muss zur Verwertung der Nährstofffrachten eine ausreichend große Fläche vorhanden sein. Bei ganzjähriger Nutzung einer Kompost-Toilette sollte eine Gartenfläche von ca. 25 m² pro Person zur Düngung mit Kompost vorgesehen werden. Dabei sollten jährlich max. 3 l Kompost/m² = 3 mm Höhe/m² Fläche aufgebracht und leicht untergeharkt werden. Weiterhin soll der fertige Kompost zu Beginn und zum Ende der Vegetationsperiode ausgebracht werden, also nicht während der Vegetationsruhe (Mitte November bis Anfang März). In Gegenden mit nährstoffarmen Böden und geschützter Vegetation, wie z.B. im Hochgebirge, muss der Kompost abtransportiert werden, damit die Pflanzenwelt vor Ort erhalten bleibt. Außerhalb der Vegetationsperiode muss der fertige Kompost bis zu seiner Verwendung zwischengelagert werden, da die Pflanzen in dieser Zeit die im Kompost enthaltenen Nährstoffe nicht aufnehmen. Während der Zwischenlagerung findet eine weitere Vererdung statt, in der der Kompost seine Düngewirkung immer mehr verliert. Es bilden sich stabile Humusformen, die aber zur Bodenverbesserung geeignet sind.

Zu beachten ist auch, dass Kompost und Dünger nicht auf Flächen der engeren Trinkwasserschutzzonen I, II A und ggf. II B aufgebracht werden dürfen.

Urinanwendung

Menschlicher Urin aus Trenntoiletten und Trockenurinalen eignet sich sehr gut als Dünger und Kompoststarter, denn er ist reich an Nährstoffen, insbesondere an Stickstoff. Auf zusätzliche Kompoststarter

LUFA
(Landwirtschaftliche Untersuchungs- und Forschungsanstalten der Länder)
Bodenanalysen können bestellt werden z.B. über:
www.lufa-nord-west.de
www.lufa-speyer.de
www.landwirtschaftskammer.de/lufa/
www.lms-lufa.de

2.12
Schutzkleidung und Schutzhandschuhe bei der Entnahme von Fäkalkompost sind ein Muss.

2.13
Kompostentnahme aus einer öffentlichen Kompost-Toilettenanlage mit mehreren Behältern. Dabei findet sich alles wieder, was nicht kompostierbar ist (Eheringe, Legosteine, Plastikgabeln u.a.). (Zeitungsfoto mit Autor und Helfern, Norddeutsche Neueste Nachrichten vom 29.4.2002).

kann daher verzichtet werden. Urin darf jedoch nicht in den Boden abgeleitet werden. Dies würde den Pflanzen und dem Bodenleben schaden und das Grundwasser belasten. Urin muss daher in einem wasserdichten Behälter gesammelt werden und darf nur unter bestimmten Bedingungen z.B. auf der Kleingartenparzelle verwertet werden.

Unverdünnt sollte der gesammelte Urin nur dann auf einen Kompost gegeben werden, wenn saugende und kohlenstoffhaltige Materialien wie trockenes Laub, Schreddergut oder Baum- und Strauchschnitt mitkompostiert werden und der Komposter mit einem Deckel als Schutz vor Niederschlägen ausgestattet ist. Damit wird verhindert, dass die Nährstoffe aus dem Kompost in den Boden ausgewaschen werden. Voraussetzung ist, dass eine fachgerechte Kompostierung durchgeführt wird und der Kompost entsprechend den o.g. Hinweisen aufgebracht und verwertet wird. Die max. zugeführte Menge sollte 100 l je m^3 Kompost pro Jahr nicht überschreiten. Dies entspricht im Kleingarten ca. 100 Personentagen, also 20 Wochenenden bei 2 Personen (2,5 Tage x 2 l).

Verdünnt man Urin mit Wasser (1:8-10 = 1 Teil Urin, 8 - 10 Teile Wasser) kann man die Mischung z.B. zur Düngung von Rasenflächen und für andere Zierpflanzen, wie Blumen und Büsche, nutzen. Als Nierenprodukt ist Urin zwar weitgehend frei von Krankheitskeimen, doch sollte man ihn wegen möglicher Rückstände aus der Einnahme von Arzneimitteln, Antibiotika und Östrogenen nicht zur Düngung von Nutzpflanzen verwenden.

Die Menge des Urin-Wasser-Gemisches richtet sich, wie auch bei der Kompostanwendung, nach dem Nährstoffbedarf von Boden und Pflanze. Eine Bodenuntersuchung mit entsprechenden Düngeempfehlungen für die vorgesehene Bepflanzung gibt hierüber Aufschluss (s.o.).

Als Faustregel sollte bei Rasen- und Zierflächen ca. 1 l/m^2 Wasser-Uringemisch gleichmäßig auf den Boden verteilt werden. Durch eine schrittweise Erhöhung bis auf 3 l/m^2 je Düngung oder durch kürzere Düngeintervalle lässt sich eine für die Pflanzen verträgliche Nährstoffgabe auch selbst herausfinden. Damit die Nährstoffe möglichst unmittelbar der Pflanze zugute kommen, sollte eine Flüssigdüngung immer über den Boden und nicht im direkten Kontakt mit der Pflanze erfolgen.

Innerhalb der Vegetationsperiode von April bis Oktober können bis zu 10 Düngungen im Abstand von 2 Wochen durchgeführt werden, ohne dass es i.d.R. zu einer Überdüngung kommt. Bei einer Urinmenge von 100 l (d.h. 100 Personentage) und einer Wasserverdünnung im Verhältnis 1:10 können damit ca. 100 m^2 Pflanzfläche mit Stickstoff versorgt werden. Auch kann man einer Überdüngung durch den Anbau stark nährstoffzehrender Pflanzen begegnen, sofern die abgestorbenen Pflanzenreste nicht als Kompost wieder eingetragen werden. Stehen keine weiteren Düngeflächen zur Verfügung, müssen die Pflanzenreste bzw. der Kompost anderweitig entsorgt werden. Bei einer begrenzten Aufenthaltsdauer wie in Kleingärten wird eine solche Maßnahme jedoch kaum notwenig sein.

Außerhalb der Vegetationsperiode (in der Regel von November bis März) und bei Regen dürfen Pflanzflächen generell nicht mit Flüssigdüngern gedüngt werden, da Pflanze und Boden die Nährstoffe nur unzureichend oder gar nicht aufnehmen. Besteht keine Möglichkeit, den Urin zu verwerten, so kann der gesammelte Urin in eine Abkippstation (z.B. für Chemietoiletten auf Rastplätzen oder in Kleingartenanlagen) oder in die häusliche Spültoilette entsorgt werden.

Hygiene

Vorbeugende Maßnahmen

Beim Umgang mit Fäkalkompost ist zu berücksichtigen, dass man mit potenziell gesundheitsschädlichem Material in Kontakt kommen kann, wenn nicht einige Vorsichtsmaßnahmen getroffen werden:

2.14
Ohne Wasser geht zumindest das Händewaschen nicht. Ein Maischefass mit Ablaufhahn ersetzt die Wasserleitung und fordert zum Wassersparen auf.

2.15
Saubere Hände sind auch ohne Wasseranschluss in der Laube möglich. Das Waschwasser kann in kleinen Mengen auf den Kompost geleert werden.

- Für alle Arbeiten am Kompost sollte man für die Hände waschbare Gummihandschuhe oder Einweg-Schutzhandschuhe benutzen.
- Für Arbeiten beim Umsetzen oder bei der Entnahme des Kompostes eignen sich Einweg-Kombis oder ein bei mindestens 60°C waschbarer Overall.
- Gummistiefel, Geräte und ggf. Eimer sollten nur für diesen Einsatzzweck verwendet und für Kinder unzugänglich aufbewahrt werden.
- Gründliches Händewaschen und das anschließende Abtrocknen mit einem sauberen Handtuch oder Papiertuch sind unabdingbar.
- Der Kompostbehälter im Garten sowie Flächen, auf denen Fäkalkompost aufgebracht wurde, sollten keine Spielbereiche für Kinder sein, um Infektionen über die Hand in den Mund zu vermeiden.

Komposthygiene

Neben der Verbrennung (thermische Behandlung) und der Desinfektion (chemische Behandlung) ist die Abtötung von potenziellen Krankheitserregern durch die Kompostierung (biologische Behandlung) ein wissenschaftlich und gesetzlich abgesichertes Verfahren, das vor allem im Sinne des Kreislaufwirtschaftsgesetzes die Erhaltung und Verwertung von Pflanzennährstoffen und organischer Masse zum Ziel hat. Aus hygienischer Sicht kommt der getrennten Sammlung, Behandlung und Nutzung von Urin und Kot dabei eine besondere Bedeutung zu.

Stoffstromtrennung

Urin als Stoffwechselprodukt der Nieren ist beim gesunden Menschen von Natur aus frei von Krankheitskeimen. Menschlicher Kot dagegen ist Hauptträger von Krankheitskeimen, die erst durch hohe Temperaturen und bei ausreichender Einwirkungszeit oder durch mehrjährige Lagerung inaktiviert werden. Idealerweise sind die menschlichen Ausscheidungsorgane von Niere und Darm, wie bei den meisten Säugetieren, voneinander getrennt, so dass auch eine Trennung durch entsprechend gestaltete Toiletten und Urinale praktisch umsetzbar ist. Für die Eigenkompostierung menschlicher Fäkalien bedeutet dies, dass der abgetrennte Urin durch Zwischenlagerung ausreichend hygienisiert werden kann, um ihn anschließend im Garten zur Düngung zu nutzen.

Der Kot wird idealerweise einer Heißkompostierung (s.o.) unterzogen und kann danach als Fertigkompost auch zur Düngung für Nahrungspflanzen eingesetzt werden. Die Eier des Spulwurms und der Spulwurm selbst werden erst bei Temperaturen über 60°C abgetötet, weshalb

Komposte aus Kot oder Fäkalien ohne Heißkompostierung nur für Zierflächen verwendet werden sollten.

Antibiose

Kot und Mischungen aus Kot und Urin (Fäkalien) müssen seuchenhygienisch soweit behandelt werden, dass nach der Behandlung keine Gefahr mehr für die menschliche Gesundheit besteht. Dies wird hauptsächlich durch die Heißkompostierung erreicht. Das Bodenleben selbst erzeugt derartige Selbsterhitzungsprozesse von organischer Masse nicht. Trotzdem findet im Boden über lange Zeiträume eine Entseuchung von Krankheitserregern durch die so genannte Antibiose statt. Dies sind vor allem Stoffwechselvorgänge von Bodenpilzen, die eigene Antibiotika (z.B. Penicillin) entwickeln und damit die schädliche Wirkung von Parasiten und Bakterien oder Viren hemmen. Diese Prozesse wirken auch in jedem Kompostierungsvorgang und können u.a. eine Erklärung für die häufig festgestellte Abwesenheit von typischen Fäkalindikatoren in Proben von Kompost-Toiletten sein.

Ergänzende Maßnahmen zur Hygiene

Es gibt eine Reihe von Möglichkeiten, durch natürliche Wirkstoffe und technische Maßnahmen den Hygienisierungsprozess im Kompost zu beeinflussen und zu unterstützen:

- Gerbstoffe wie Tannine im Holz und in der Rinde von Eichen und Nadelhölzern schützen u.a. die Pflanze vor Fäulnis und Schädlingen; im Kompost bewirken sie in kleinen Mengen die Hemmung und Abtötung von Keimen. Größere Mengen können jedoch die Abbautätigkeit der Kompostorganismen stark einschränken. Deshalb sind z.B. Eichenholz und Eichenlaub schwer zu kompostieren. Getrocknete Nadelholzrinde dagegen eignet sich gut als Einstreu zur Geruchsbindung von Kot und Urin, indem sie nach Befeuchtung die gespeicherten Gerbstoffe freisetzt. Regelmäßiges Abstreuen der Fäkalienoberfläche mit Rinde oder Holzspänen vertreibt Fliegen und verhindert die Bildung von Aerosolen.
- Die regelmäßige Überprüfung des Kompostierungsprozesses auf Feuchte, pH-Wert und ausreichende Sauerstoffversorgung verbessert die Bedingungen für die Tätigkeit der aeroben Organismen. Im Gegensatz zu anaeroben Prozessen (Fäulnis) werden Krankheitskeime durch aerobe Kompostierungsbedingungen effektiver und nachhaltiger abgetötet. Niedrige pH-Werte und damit einhergehende Fäulnis begünstigen dagegen die Ansiedlung und Entwicklung von Fliegen und weisen darauf hin, dass der pH-Wert kontrolliert und ggf. korrigiert werden

2.16
Komposter zur Nachkompostierung von Fäkalkompost aus einer öffentlichen Toilette. Jeder Komposter ist hier einem Kompostbehälter der Toilettenanlage zugeordnet, um Vergleiche durch bakterielle Untersuchungen bei Beschickung und nach der Entnahme ziehen zu können.

2.17
Fäkalkompost kann nach einer zusätzlichen Nachkompostierung bedenkenlos auf Zierbeete aufgebracht werden.

sollte. Zur Abwehr von Fliegen ist ggf. eine Fliegengaze an den Zu- und Abluftöffnungen von Trockentoiletten mit Entlüftung zu empfehlen.

- Eine Nachkompostierung des fertigen Kompostes verbessert nachweislich die Hygiene, sofern dabei kein frisches Material eingebracht und der Kompost für die Nachkompostierung umgesetzt bzw. durchmischt wird. Beide Phasen sollten jeweils 6 bis 12 Monate dauern.
- Durch die Verdunstung der in den Fäkalien enthaltenen Feuchte wird die Überlebensfähigkeit von Krankheitskeimen stark eingeschränkt bzw. sogar ausgeschlossen (Pasteurisierung, Sterilisation), je nachdem, welche Temperatur im Kompostbehälter erreicht wird. Durch die Trocknung verschlechtern sich gleichzeitig die Entwicklungsbedingungen für die meisten Krankheitskeime. So wird bei der Einwirkung von Sonnenwärme auf einen schwarz eingefärbten Komposter oder durch zusätzlich eingeleitete Warmluft aus Solarkollektoren die Entwicklung beispielsweise von Salmonellen mit steigender Temperatur stark eingeschränkt.
- Mit Hilfe sogenannter Erddämpfer, die zur Herstellung von steriler Erde für die Anzucht von Jungpflanzen eingesetzt werden und die durch einen elektrisch betriebenen Dampferzeuger (3 kW Verbrauch) Temperaturen bis 95°C erzeugen, kann Kompost in einem wärmegedämmten Behälter (80 - 240 l Fassungsvermögen) in 30 - 60 Minuten (je nach Volumen) sterilisiert werden.
- Auch die direkte Sonnenbestrahlung bewirkt eine Abtötung von Krankheitskeimen durch das UV-Licht der Sonne, wenn z.B. Fäkalkompost nur leicht in die obere Bodenschicht eingearbeitet wird und die Fläche dem Sonnenlicht ausgesetzt ist.
- Die Entwicklungsbedingungen von Krankheitserregern können durch Anheben des pH-Wertes in den basischen Bereich wesentlich gehemmt werden. Untersuchungen dazu sind vor allem in Schweden durchgeführt worden.

Bakterielle Untersuchungen

Aufschluss über die seuchenhygienische Qualität eines Fäkalkompostes kann eine Untersuchung beim zuständigen Landeshygieneamt oder bei einer Landesversuchsanstalt geben. Aus verschiedenen Bereichen des Kompostes müssen Einzelproben gezogen werden, die dann gekühlt und auf kurzem Weg in ein Untersuchungslabor zu bringen sind. Entsprechend kostenaufwändig ist auch das Verfahren selbst, da nach verschiedenen Fäkalindikatoren untersucht wird.

Sollen teure bakterielle Untersuchungen vermieden werden, so kann der so genannte Tomatenkeimtest Aufschluss

2.18
Prinzipiell könnte Kompost auch in die Biotonne entsorgt werden, wenn man ihn selbst nicht verwerten will. Bei Fäkalkompost handelt es sich der Herkunft nach jedoch um Fäkalien, die mit Klärschlamm gleichgestellt werden und daher für die Entsorgung durch die Biotonne nicht vorgesehen sind. Kompostierbares Kleintierstreu wird dagegen unkompostiert von den meisten Betreibern von Kompostwerken akzeptiert.

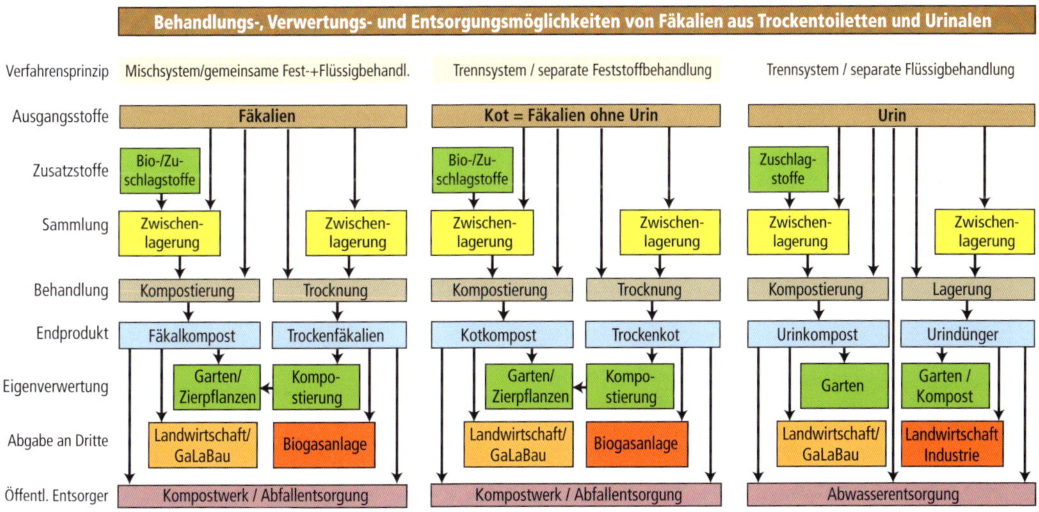

über die seuchenhygienische Qualität eines Fäkalkompostes geben. Die Tomatensamen können Temperaturen im mesophilen Bereich (25- 40°C) überstehen und gelten als Indikator für die Überlebensfähigkeit von Krankheitskeimen, Pflanzenschädlingen und Wildkrautsamen. Dabei muss der Fäkalkompost nach der Entnahme aus dem Kompost über mindestens zwei Wochen ausreichend feucht gehalten werden, um die Keimung der Tomatensamen zu ermöglichen. Keimen die Samen in dieser Zeit nicht, so kann man von einer weitgehenden Hygienisierung des Fäkalkompostes ausgehen. Der Tomatenkeimtest gibt allerdings keine Garantie, dass der Kompost seuchenhygienisch einwandfrei ist.

Seuchenhygienische Untersuchungen erübrigen sich, wenn der entnommene Kompost nicht für Nutzpflanzen, sondern ausschließlich für Zierflächen (Blumen, Büsche, Bäume und Rasen) verwendet wird. Die Regeln einer fachgerechten Kompostierung müssen dabei eingehalten werden. Der Infektionskreislauf mit möglichen Erregern über die Nahrungskette wird dadurch unterbrochen und Zierflächen werden mit Nährstoffen und organischer Masse versorgt.

Bei allen aufgeführten Maßnahmen stellt sich die Frage, inwieweit Fäkalkompost für die Eigenverwertung im Garten seuchenhygienisch einwandfrei sein muss. Durch übertriebene Hygiene wird auch das Immunsystem des Menschen geschwächt. Jeder normale Gartenboden enthält typische Fäkalkeime, eingetragen durch Tierkot und andere tierische Reststoffe. Auch pflanzliche und tierische Lebensmittel sind mit Keimen behaftet, besonders in der warmen Jahreszeit, wenn die Kühlkette beim Transport zeitweise unterbrochen und die Ware bei der Essenzubereitung nicht bei ausreichend hohen Temperaturen gegart wird. Krankheitskeime sind daher ein fester Bestandteil unserer natürlichen Lebensbedingungen. Allein bei immunschwachen Personen, Kindern und alten Menschen sind besondere Vorsichtsmaßnahmen geboten.

Entledigung durch Entsorgung

Abfallentsorgung

Wenn eine Verwertung der gesammelten Exkremente vor Ort nicht zu realisieren ist, kann nach Rücksprache mit der zuständigen Behörde die Entledigung der Feststoffe (Kot ohne Urin) über die Abfallentsorgung und der Flüssigstoffe (Urin ohne Kot und Einstreu) über die Abwasserentsorgung erfolgen. Prinzipiell dürfte dem rechtlich nichts entgegenstehen, sofern die Feststoffe wie Hundekotbeutel luftdicht verschlossen zum Abfall gegeben werden. Dieser Entsorgungsweg ist vor allem für Trenntoiletten geeignet, da Flüssigstoffe von vornherein getrennt von den Feststoffen gesammelt werden. Aus Sicht der Gesundheitsvorsorge und des Arbeitsschutzes, die Müllwerker betreffend, ist diese Lösung bedenklich, zumal die Abfallmenge dadurch unnötig erhöht wird und die Lösung im Widerspruch zum Kreislaufwirtschaftsgesetz steht. Sie sollte daher nur für Bereiche in Betracht gezogen werden, bei denen mangels Kompostiermöglichkeit und Garten keine anderen Lösungen möglich sind (z.B. Wohnmobile, Wassersport).

Entsorgung über die Bioabfalltonne

Die Entsorgung von Toiletteninhalten in z.B. kompostierbaren Beuteln über die Biotonne ist nicht zulässig, da nach der geltenden Bioabfallverordnung Fäkalien nicht in der Positivliste als Inputmaterial aufgeführt sind. Hier könnte sich jedoch zukünftig ein Wandel vollziehen, da in den Kompostwerken generell durch die Einhaltung der verfahrenstechnischen Bedingungen während des Rotteprozesses ein seuchenhygienisch einwandfreies Produkt hervorgebracht wird. Auch wäre eine Entsorgung des fertigen Kompostes über die Bioabfalltonne denkbar, wenn man keinerlei hygienisches Risiko eingehen möchte.

Literaturhinweise zum Thema Kompostierung

- Berger, Wolfgang und Lorenz-Ladener, Claudia (Hrsg.): Kompost-Toiletten - Sanitärtechnik ohne Wasser. ökobuch Verlag, Staufen bei Freiburg 2008 (vergriffen)
- Biermeier, Monika und Wrbka-Fuchsig, Ilse: Kompost und Düngung im naturnahen Garten. Österreichischer Agrarverlag, Wien 2006
- Naudascher, Imke: Kompostierung menschlicher Ausscheidungen durch Verwendung biologischer Trockentoiletten - mit besonderer Berücksichtigung des Kleingartenbereichs. Institutsverlag Siedlungswasserwirtschaft, Universität Karlsruhe, Karlsruhe 2001
- Scheub, Ute u.a.: Terra Preta - Die schwarze Revolution aus dem Regenwald. oekom Verlag, München 2013
- Sulzberger, Robert: Kompost, Erde, Düngung. BLV Buchverlag, München 2012
- Thompson, Ken: Kompost – Natürliches Futter für Ihren Garten. Dorling Kindersley Verlag, München 2009

3 Wie funktioniert eine Toilette ohne Wasser?

In diesem Kapitel werden die verschiedenen Sanitärverfahren und Toilettenarten ohne Wasser erklärt. Um je nach Einsatzbedingungen das passende System finden zu können, werden Vor- und Nachteile der Toilettenarten beschrieben.

Toiletten ohne Wasserspülung sind überall dort gefragt, wo Menschen sich aufhalten, aber keinen Zugang zu Wasser haben bzw. eine Abwasserentsorgung fehlt. Dies gilt für die sogenannten entwickelten Länder ebenso wie für alle übrigen Länder weltweit. Im Garten- und Freizeitbereich betrifft dies in unseren Breiten vor allem Gebiete und Bereiche, die ohne Wasserversorgung sind oder in denen gebrauchtes und verschmutztes Wasser, also Abwasser, nicht umweltgerecht und den gesetzlichen Bestimmungen entsprechend entsorgt werden kann.

Wasserlose Toiletten sparen im Vergleich zur Wassertoilette pro Spülgang 6 - 9 Liter Wasser (Trinkwasser, Regenwasser, Brauchwasser) und damit ca. 35% des durchschnittlichen Wasserverbrauchs im deutschen Haushalt (120 l pro Person/Tag, 2012). Hinzu kommen, mit steigender Tendenz, Einsparungen an Kosten und Aufwand zur Entsorgung der entsprechenden Abwassermenge. Das anfallende fäkalienfreie Abwasser aus Küche, Bad und Waschmaschine, sogenanntes „Grauwasser", kann obendrein durch kostengünstigere und naturnahe Abwasserreinigungsverfahren leichter aufbereitet und ggf. vor Ort weiter verwendet oder verwertet werden. Die Hauptnährstoffe im häuslichen Abwasser werden nämlich vor allem durch den Urin eingetragen, während Krankheitskeime mit dem menschlichen Kot in das Abwasser gelangen. Urin und Kot lassen sich einfacher und wirksamer behandeln, wenn beides erst gar nicht mit Wasser vermischt wird. Dies ist eine Voraussetzung, um die enthaltenen Nährstoffe und die organische Masse weitgehend zurückzugewinnen. Trockentoiletten, die das Sammeln, Behandeln und Verwerten von Fäkalien zum Ziel haben, sind daher ein elementarer Baustein in der dezentralen Abwasserreinigung.

Welche Verfahren gibt es?

Wasserlose Toiletten, bei denen die gesammelten Fäkalien (Urin und Kot,) Toilettenpapier und ggf. Zuschlagstoffe wie z.B. Streumaterial durch Kompostierung biologisch soweit ab- und umgebaut werden, dass sie ohne Schaden in den Naturkreislauf zurückgeführt werden können, bezeichnet man allgemein als „biologische Trockentoiletten" oder „Kompost-Toiletten". Beiden Begriffen bzw. Verfahren gemeinsam ist der Ansatz, menschli-

3.1 Unterscheidungsmerkmale von biologischen Trockentoiletten und Kompost-Toilettenanlagen.
„Es kommt darauf an, was hinten herauskommt" (Zitat Alt-Bundeskanzler Helmut Kohl).
Auch wenn bei beiden Toilettensystemen letztendlich Kompost entsteht, ist der Aufwand bis zum Endprodukt sehr unterschiedlich.

Unterscheidungsmerkmale von biologischen Trockentoiletten und Kompost-Toilettenanlagen		
Toilettensystem	**Biologische Trockentoiletten**	**Kompost-Toilettenanlagen**
Prinzip	Einheit Toilette + Sammelbehälter	Toilette + Sammelbehälter getrennt
Standort Behälter	innerhalb Toilettenraum/transportabel	außerhalb Toilettenraum/stationär
Standort Toilette	z.T. mobil, sonst stationär	stationär, systembedingt flexibel
Anzahl Toilette	Einzelaufstellung	max. 4 Toiletten, systembedingt
Entlüftung	Abluftrohr DN75-DN110	Abluftrohr DN110-DN160
Betrieb	kontinuierlich / Einzelbehälter	kontinuierlich / Einkammerbehälter
	diskontinuierlich / Wechselbehälter	diskontinuierlich / Wechselkammern
Verfahren	Zwischenlagerung bzw. Trocknung	Kompostierung
Transport Behandlung	manuell / mechanisch	Schwerkraft, Fallohr DN200-DN300; mechanische Vorrichtungen
Standort Behandlung	außerhalb des Gebäudes	innerhalb des Gebäudes

Begriffe und ihre Verwendung

Die *Toilette* als Raum wird so genannt, weil darin eine Toilette steht. „Zur Toilette gehen" als Redewendung ist unabhängig von der Art der Toilette, d.h. vom Toilettensystem, zu sehen.

Der Begriff *„closet"* = abgetrennter Raum (WC = water closet) bezieht sich auf Spültoiletten, bestehend aus dem Toilettenbecken mit Anschluss an eine Entsorgung, einem Toilettensitz und einer Spülvorrichtung.

Trockentoiletten und *Kompost-Toiletten*, ob mit oder ohne Urintrennung, bestehen aus einem Gehäuse bzw. einer Sanitärkeramik mit Toilettensitz und einer oder mehreren Sammelbehältern. Das Produkt, auf dem man sitzt, wird hier unabhängig von der Bauart als *Toilette* bezeichnet, das bauliche Gesamtsystem wird *Toilettenanlage* genannt, analog zur Bezeichnung „Abwasseranlage", an die Spültoiletten angeschlossen sind.

che Fäkalien durch Kompostierung weitgehend zu hygienisieren und als Endprodukt einen pflanzenverträglichen Dünger zu erhalten. Im Gegensatz dazu gibt es Trockentoiletten wie Chemie-, Verpackungs- und Verbrennungstoiletten, die eine biologische Verwertung menschlicher Fäkalien teilweise oder ganz ausschließen und hier nicht weiter behandelt werden. Sie sind im Garten- und Freizeitbereich unter ökologischen Gesichtspunkten nur in Ausnahmefällen (z.B. in Wohnmobilen) vertretbar, sofern die Betriebs- und Entsorgungsvorschriften eingehalten werden.

Um die verschiedenen Arten und Verfahren von Trockentoiletten mit Verwertung besser zu verstehen, wird hier unterschieden in

- *biologische Trockentoiletten* mit separater Kompostierung außerhalb, z.B. im Garten, und
- *Komposttoilettenanlagen* mit direktem Anschluss der Toilette an einen Kompostbehälter innerhalb des Hauses.

Mit beiden Verfahren entsteht bei fachgerechter Kompostierung als Endprodukt fertige Komposterde, die von herkömmlicher Gartenerde nicht zu unterscheiden ist. Beiden Verfahren gleich ist auch die Trennung der Feststoffe (Kot, Toilettenpapier, ggf. Streumaterial) von den flüssigen Bestandteilen (Urin, Sickerwasser) durch

- Drainage (z.B. Entwässerung durch Filterschicht),
- Verdunstung (z.B. Trocknung durch Erwärmung und Luftaustausch),
- Absorption (z.B. Flüssigkeitsbindung durch saugfähiges Einstreu) oder
- Separation (z.B. Trennvorrichtung in der Toilettenöffnung).

Die auf diese Weise weitgehend getrennte Sammlung und Behandlung der Flüssigstoffe ist erforderlich, um einerseits die Bedingungen für die Zwischenlagerung und den Kompostierungsprozess zu optimieren, und andererseits, um die Hygiene und den Komfort bei Benutzung und Betrieb der Trockentoilette zu verbessern. Beide Verfahren mit ihren verschiedenen Ausprägungen werden hier kurz vorgestellt.

Biologische Trockentoiletten

In *biologischen Trockentoiletten* werden die Fäkalien in einem Behälter innerhalb eines meist ebenerdig aufgestellten Toilettengehäuses gesammelt und zwischengelagert. Die Lagerzeit kann einige Tage (Toiletten ohne Lüftung) bis zu mehreren Wochen (Toiletten mit Lüftung) betragen. Anschließend wird der Inhalt des Sammelbehälters zu einem geschlossenen oder offenen Komposter außerhalb des Gebäudes transportiert und dort, häufig zusammen mit Gartenabfällen, kompostiert. Die Sammlung der Toilettenabfälle in einer biologischen Trockentoilette steht daher immer in Verbindung mit der anschließenden Behandlung in einem separaten Kompost. Damit die biologische Umwandlung der Fäkalien zu Erde gelingt, sind die Bedingungen und Hinweise zur Fäkalienkompostierung wie auch zur Hygiene und Verwertung (s. Kap. 2) zu beachten.

Die Toiletten selbst sind häufig kaum größer als eine Spültoilette. Im Toilettengehäuse befindet sich ein Auffangbehälter von max. 30 l Inhalt, so dass der gefüllte Behälter noch von Hand entnommen und getragen werden kann. Größere Aufnahmekapazitäten erreicht man durch Wechselbehälter, die je nach System gefüllt im Toilettengehäuse oder im Freien luftdicht verschlossen bis zur Leerung auf den Kompost zwischenlagern können. Erst durch eine anschließende fachgerecht durchgeführte Kompostierung ist die Voraussetzung gegeben, dass die Exkremente zu pflanzenverträglicher Erde umgewandelt und Hygienestandards eingehalten werden können.

Produktsteckbrief: Biologische Trockentoiletten (Teil 1)				
Produktsteckbrief: Biologische Trockentoiletten			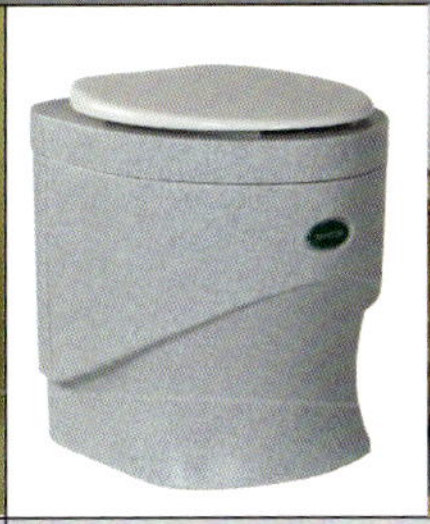	
Produktname	**1 TOA-Standard**	**2 TOA-Luxus**	**3 Sanitoa**	**4 TOANova, Kekkilä 50**
Produktvarianten	Farbe: schwedenrot	Holztoilette Luxus	weiß	Kekkilä 100
ähnliche Produkte	BranQ-Reisetoilette	Goldeimer Klo-to-go	Ökolo mini, Würfel „Max"	Piteco 500
Ausstattung				
elektr. Ventilator	nein	nein	nein	nein
Urintrennung	nein	nein	nein	Drainage
Sichtblende	nein	nein	nein	nein
Feststoffverteiler	nein	nein	nein	ja
Zubehör inkl.				Urinschlauch, Rohrbogen DN75x90°, Regenkappe, Urinkanister, Kiefernborke
Produktdaten				
Maße T x B x H	43 cm ø x 42 cm	50 x 39 x 47 cm	54 x 45 x 53 cm	51 x 50 x 48,5 cm
Sitzhöhe	42 cm	46 cm	52 cm	47 cm
max. Sitzlast	120 kg	100 kg	150 kg	150 kg
Material Gehäuse	PE-Kunststoff, grau	PE-Kunststoff, weiß	PE-Kunststoff, granit	PP-Verbundkunststoff
Material Sitz	PP-Kunststoff, weiß	ABS-Kunststoff, weiß	PP-Kunststoff, weiß	PP-Kunststoff, anthrazit
Kapazität	30 l	22 l	35 l	50 l
Abluftanschluss	nein	nein	nein	75 mm
Ablaufanschluss	nein	nein	nein	19 mm
Gewicht	3 kg	5 kg	9 kg	7 kg
Garantie	2 Jahre	2 Jahre	3 Jahre	2 Jahre
ca. Preis 2020	75 €	125 €	225 €	450 €
Geruchsminderung				
Einstreu	ja	ja	ja	ja
Entlüftung	nein	nein	nein	ja
Zubehör exklusive				
	Rindenschrot, Biobeutel, Wechselbehälter	Rindenschrot o. Terra Preta-Streu, Biobeutel, Wechselbehälter	Rindenschrot, Biobeutel, Wechselbehälter	Abluftrohrset, Rindenschrot, Sammelkanister, Wechselbehälter

3.2
Produktsteckbrief biologischer Trockentoiletten (nach Herstellerangaben ohne Gewähr).
Die Angaben erfolgten nach Informationen der Anbieter und Hersteller von biologischen Trockentoiletten im deutschsprachigen Raum in Werbeprospekten und Internetinformationen (Recherche Sept. 2020). Toilettensysteme, die einzeln auf Bestellung importiert werden müssen, sind hier nicht aufgeführt. Ein Anspruch auf Vollständigkeit besteht nicht. Auf Hinweise zur Personenkapazität, zum Energieverbrauch, zur Handhabung und zum Installationsaufwand wurde verzichtet, da sich diese Kriterien kaum nachprüfen lassen und entsprechende Angaben dazu von Hersteller zu Hersteller schwer vergleichbar sind.

Produktsteckbrief: Biologische Trockentoiletten (Teil 2)				
Produktsteckbrief: Biologische Trockentoiletten	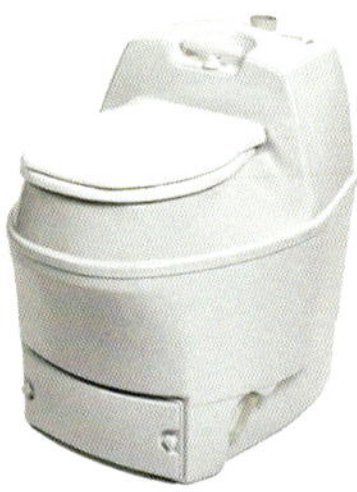			
Produktname	**5 Biolet 15 e**	**6 TROBOLOW LuweBloem**	**7 Kildwick EasyLoo**	**8 Blue Diamond Nature Calls**
Produktvarianten	Biolet 25e u.a.	Troborow LeliBloem u.a.	EasyLoo/ Lüfter + Bausatz	keine
ähnliche Produkte		⑦, ⑧	⑥, ⑧	TRENNTOlino + ⑥, ⑦
Ausstattung				
elektr. Ventilator	230 V + Heizung	nein	nein	nein
Urintrennung	Drainage	ja	ja	ja
Sichtblende	ja	nein	nein	nein
Feststoffverteiler	ja	nein	nein	nein
Zubehör inkl.	Starterhumus, Abluftrohrset, Regenkappe, Dachabdichtung	Einstreu, Biobeutel		
Produktdaten				
Maße T x B x H	71 x 55 x 65 cm	60 x 40 x 48,5 cm	44,5 x 42,2 x 47,5 cm	52 x 32 x 42 cm
Sitzhöhe	51 cm	46 cm	45 cm	41,5 cm
max. Sitzlast	130 kg	150 kg	140 kg	200 kg
Material Gehäuse	ABS-Kunststoff, weiß	Mehrschichtholz, geölt	Birkensperrholz unbeh.	PE-Kunststoff
Material Sitz	PP-Kunststoff, weiß	Massivholz lackiert	Bambus	PE-Kunststoff, nur Deckel
Kapazität	max. 3 Personen	22 l fest, 10 l flüssig	16 l fest, 9,5 l flüssig	7,5 l fest, 8 l flüssig
Abluftanschluss	50 mm	nein	nein	nein
Ablaufanschluss	13 mm	nein	nein	nein
Gewicht	27 kg	22 kg	15 kg	8 kg
Garantie	2 Jahre	2 Jahre	2 Jahre	2 Jahre
ca. Preis 2020	1.500 €	650 €	450 €	400 €
Geruchsminderung				
Einstreu	ja	Holzspäne	Miscanthus-Einstreu	ja
Entlüftung	ja	nein	nein	nein
Zubehör exklusive				
	Starterhumus	Biobeutel, PE-Beutel, Wechselkanister, Wechselbehälter	Einstreu, Biobeutel, Wechselkanister, Wechselbehälter	Kaffeemehl-Einstreu, Biobeutel, Wechselbehälter

Produktsteckbrief: Biologische Trockentoiletten (Teil 3)

				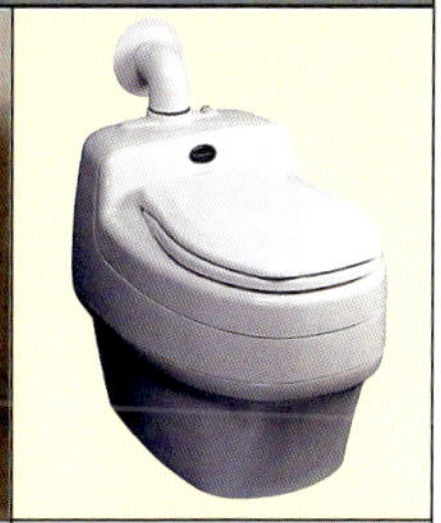
9 Nature's Head	**10 Biolan Simplett**	**11 TC-Holz**	**12 Separett Weekend 7010**	**13 Separett Villa 9000**
diverse Kurbeln	nein	seitl. Entnahme re./li.	Weekend 7011, 7012	Villa 9010
Air Head	Weekend 7011, 7012	Ökolocus „Clemens" u.a.	⑪, ⑬	Separea
Ausstattung				
12 V	nein	12 V, 230 V	12 V, 230 V	230 V (12 V 9010)
ja	ja	ja	ja	ja
ja	nein	nein	nein	ja
ja	nein	nein	nein	ja
flex. Lüftungsrohr, Batterieanschlusskabel, Kokosfaserziegel	Urinschlauch, Regenkappe	Urinschlauch	Urinschlauch, Regenkappe, Biobeutel, Wechselbehälter, Installationsmaterial	Urinschlauch, Regenkappe, Biobeutel, Wechselbehälter, Installationsmaterial
Produktdaten				
48,3 x 48,3 x 53,2 cm	56 x 52,5 x 51,5 cm	48 x 46 x 47 cm	54 x 45 x 53 cm	67,5 x 45,6 54,5 cm
52 cm	48 cm	45 cm	52 cm	44 cm
150 kg	140 kg	250 kg	150 kg	150 kg
PE-Kunststoff, granit	PE-Kunststoff, schwarz	Mehrschichtholz, geölt	PE-Kunststoff, weiß/granit	PP-Kunststoff, weiß
PE-Kunststoff, nur Deckel	Thermositz schwarz	Holz	PP-Kunststoff, weiß	PP-Kunststoff, weiß
25 l fest, 8,3 flüssig	28 l, fest	30 l, fest	25 l, fest	23 l
ca. 48 mm	75 mm	75 mm	75 mm	75 mm
nein	32 mm	32 mm	25 mm	25 mm
13 kg	8 kg	15 kg	14 kg	21 kg
5 Jahre	2 Jahre	2 Jahre	3 Jahre	5 Jahre
1.000 €	325 €	550 €	475 €	750 €
Geruchsminderung				
nein	ja	ja	nein	nein
ja	ja	ja	ja	ja
Zubehör exklusive				
Urinkanister, Kokosfaserziegel	Rohrset, Kanister, Lüfter Wechselbehälter	Wechselbehälter Sammelkanister, Urintank	Abluftrohrset, Sammelkanister, Ejektortank, Kindersitz	Abluftrohrset, Sammelkanister, Ejektortank, Kindersitz

Bauarten von biologischen Trockentoiletten

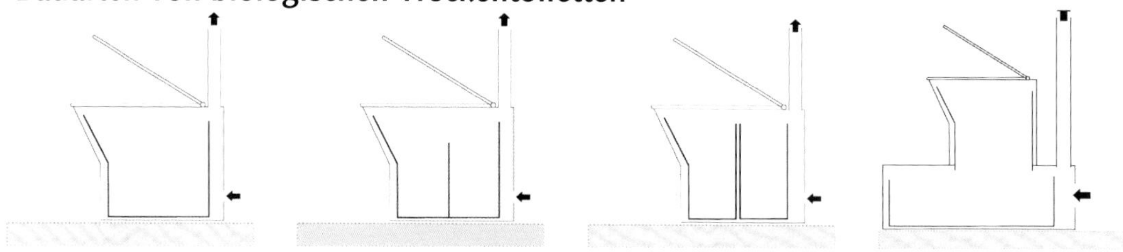

Einkammersystem **Mehrkammersystem** **Wechselsystem** **Variante**

3.3
Übersicht über die biologischen Trockentoilettensysteme.
Zeichnung:
Ph. Holzhausen

Im Gegensatz zu den größeren Kompost-Toilettenanlagen werden biologische Trockentoiletten wegen des geringen Platzbedarfs der Toilette im Gebäude und den geringeren Anschaffungs- und Betriebskosten meist saisonal z.B. in Kleingartenlauben, Wochenend- und Ferienhäusern sowie in kleinen Hütten im Gebirge u.ä. eingesetzt. Sie eignen sich bei ganzjährigem Betrieb auch als Zweittoilette, z.B. in nicht unterkellerten Gebäuden, Dachräumen oder Nebengebäuden. Genehmigungsrechtlich sind biologische Trockentoiletten unproblematisch, solange die Kompostierung und Verwertung der Toiletteninhalte auf dem eigengenutzten Grundstück stattfindet und keine andere Toilettenart vorgeschrieben ist (z. B. Spültoilette bei vorhandener Kanalisation).

Welche Arten von biologischen Trockentoiletten gibt es?

Die Prinzipien von biologischen Trockentoiletten haben sich, bis auf wenige Ausnahmen, gegenüber früheren Entwicklungen nicht grundsätzlich geändert (s. Kap. 1). Neu sind pflegeleichte Materialien und ansprechende Designs, die äußerlich oft einer Spültoilette ähnlich sind, aber auch Maßnahmen zur besseren Geruchsbindung und Erhaltung der Nährstoffe. Die einzelnen Toilettenarten werden nachfolgend mit ihren wesentlichen Vor- und Nachteilen vorgestellt, um Entscheidungshilfen für den Kauf oder Selbstbau einer biologischen Trockentoilette zu geben. Die Argumente müssen letztlich im Einzelnen nach den eigenen individuellen Bedürfnissen sowie den Gegebenheiten und Möglichkeiten vor Ort abgewogen werden. Tabelle 3.2 gibt eine Übersicht über die am Markt angebotenen Modelle und Bauarten mit den wichtigsten Eigenschaften und Produktdaten.

Streutoiletten

In Streutoiletten werden durch Zugabe von streufähigen und kompostierbaren Materialien Gerüche und Flüssigkeit aus Kot und Urin weitgehend gebunden. Die Absorptionsfähigkeit des Streumaterials für Urin hängt wesentlich von dessen Porenvolumen und dessen Trocknungsgrad ab. Die Geruchsbindung von Kot und Urin wird besonders durch materialeigene Stoffe wie z.B. Harze aus Hobelspänen und Gerbstoffe aus der Nadelholzrinde verstärkt. Gleichzeitig kann durch die Wahl des Streumaterials der nachfolgende Kompostierungsprozess unterstützt werden, indem z.B. strukturreiche Stoffe eine Verdichtung des Materials verhindern. Das Streumaterial wird nach der Benutzung auch zur Abdeckung der Oberfläche im Sammelbehälter gegen unangenehme Einblicke und zur Geruchsbindung verwendet. In Tabelle 2.6 werden verschiedene Streumaterialien und ihre Eigenschaften miteinander verglichen.

Trockentoiletten mit Einstreu werden u.a. danach unterschieden, ob sie mit einer Lüftungsvorrichtung ausgestattet sind oder ohne auskommen. Mit dem Anschluss der Toilette an ein Abluftrohr ist eine längere Zwischenlagerung der Fäkalien möglich. Fehlt eine Entlüftung, sollte man den Sammelbehälter für Urin, Kot, Toilettenpapier und Einstreu spätestens nach 3 Tagen (z.B. Benutzung am Wochenende) auf den Kompost leeren.

Die Streutoilette ohne Lüftung

Typische Vertreter dieser Bauart sind z.B. TOA Standard, TOA Mini, TOA Luxus und TOA Maxi. Die Streutoilette besteht im Wesentlichen aus einem Gehäuse mit Toilettensitz sowie einem im Gehäuse aufgestellten Sammelbehälter für Kot, Einstreu und Urin, den man entnehmen kann. Andere Bedienungselemente, die zu Störungen führen oder Reinigung erfordern könnten, sind nicht vorhanden. Vor der ersten Benutzung wird so viel saugfähiges Streumaterial in den Auffangbehälter der Toilette gegeben, dass der anfallende Urin von ca. 3 Tagen weitgehend gebunden werden kann. Je Liter Urin rechnet man 1 Liter Streumaterial. (z.B. 6 Liter Rindenschrot bei 2 Personen/Wochenende, mit Übernachtung ca. 8 Liter). Die Einstreumenge ist auch abhängig von der Fähigkeit des Streumaterials, Gerüche und Flüssigkeit zu binden (s. Tabelle 2.6).

Ohne Einstreu würden die Feststoffe durch den Urin zu feucht werden, so dass eine Art Faulschlamm entsteht, der Faulgase freisetzt und Insekten anzieht. Wird die Oberfläche dagegen nach jeder Darmentleerung abgestreut, werden unangenehme Gerüche weitgehend gebunden und es entwickelt sich eine luftdurchlässige Struktur, die Fäulnisprozesse vermindert. Da die Gerüche, die bei der Benutzung entstehen, nicht durch das Einstreumaterial gebunden werden, sollte der Toilettenraum eine Lüftung haben, z.B. durch ein zu öffnendes Fenster.

Vor- und Nachteile

+ Das Prinzip ist einfach und kann mit wenigen Bauteilen ggf. auch im Selbstbau umgesetzt werden.
+ Die Toilette erfordert für den Betrieb keine weiteren Anschlüsse (z.B. Abluftrohr) im Gebäude.
+ Je nach Art des Streumaterials werden unangenehme Gerüche mehr oder weniger gut gebunden.
+ Durch Art und Menge des Streumaterials lassen sich die Bedingungen für eine anschließende Kompostierung verbessern.
+ Die Benutzung ist einfach und betriebssicher.
– Das Streumaterial muss meist zusätzlich besorgt bzw. eingekauft und gelagert werden.
– Das Streumaterial nimmt im Sammelbehälter für Fäkalien zusätzlich Raum und Gewicht ein.
– Die Geruchsbindung wirkt je nach Streumaterial nur zeitlich beschränkt.

Fazit: Der Aufwand für eine Streutoilette ohne Lüftung ist gering, ebenso die Kosten. Das Streumaterial verbessert

3.4
Die Mischung macht's: Strukturreiche und saugfähige Materialien, die sich gut kompostieren lassen.

3.5
So funktioniert die Drainage: Gibt man eine Schicht z.B. trokkene Nadelholzrinde (ca. 1 - 1,5 l pro Person und Tag) in den Behälter, sammelt sich der anfallende Urin unterhalb der Fäzes. Dies ist eine wirkungsvolle Maßnahme, um Gerüche zu mindern.

die Kompostierungsbedingungen, bindet jedoch Gerüche nur über einige Tage. Streutoiletten ohne Lüftung eignen sich besonders für die Nutzung am Wochenende.

Die Streutoilette mit Lüftung

Typische Vertreter sind z.B. TOA Nova und Biolan Komplet. Die Toilette funktioniert nach dem Prinzip der Streutoilette (s.o.), wird jedoch an ein Abluftrohr zur Entlüftung des Sammelbehälters angeschlossen. Durch den Luftwechsel im Gehäuse kann ein Teil der Feuchtigkeit im Sammelbehälter verdunsten. Gerüche, die während der Benutzung entstehen, werden mit abgeführt, insbesondere, wenn die Entlüftung durch einen elektrischen oder windbetriebenen Ventilator verstärkt wird. Der Aufwand für die Installation des Abluftrohres ist von den baulichen Gegebenheiten abhängig und meistens in 1 - 2 Std. von einem Hobby-Handwerker zu bewältigen.

Eine Variante der Streutoilette ist die Verdunstungstoilette (z.B. Biolet 10 Standard). Ziel ist dabei, Urin und die Feuchte im Kot durch Wärmezufuhr zu verdunsten. Anfangs gibt man ein Gemisch aus verschiedenen Streumaterialien ein, um den Urin weitgehend zu binden. Ein von Hand oder elektrisch betriebenes Rührwerk durchmischt nach jeder Benutzung das frische mit dem bereits gesammelten Material, während eine thermostatisch geregelte elektrische Heizung für gleichbleibende Verdunstungsbedingungen sorgt. Gerüche und der freiwerdende Wasserdampf werden mit Hilfe eines Ventilators über das Entlüftungsrohr abgeführt. Der Verdunstungsvorgang reduziert die Feststoffmenge und erhöht damit die Aufnahmekapazität des Behälters. Gelingt die Verdunstung z.B. durch starken Flüssigkeitsanfall nicht ausreichend, muss überschüssiges Sickerwasser durch einen Überlauf in einen angeschlossenen Sammelkanister abgeleitet werden.

Vor- und Nachteile:

+ Durch die Entlüftung des Behälters nach draußen bleibt der Toilettenraum auch während der Benutzung geruchfrei.
+ Der Geruchsverschluss durch Unterdruck ermöglicht die Aufstellung und Benutzung in Räumen ohne weitere Entlüftung.
+ Durch Art und Menge des Streumaterials lassen sich die Bedingungen für die anschließende Kompostierung verbessern.

3.6
Streutoiletten mit Be- und Entlüftung benötigen keinen Stromanschluss. Ein Abluftrohr, das über das Dach geführt wird, hält den Toilettenraum geruchfrei (TOA Nova).

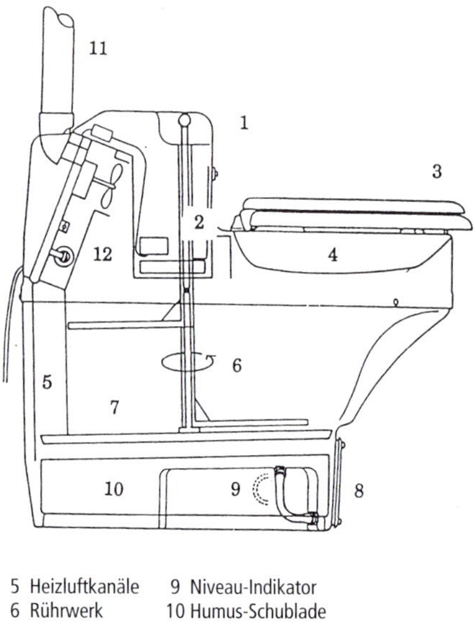

1 Mikrokontakt
2 Rührwerk-Motor
3 Klosettbrille
4 Einsichtschutz
5 Heizluftkanäle
6 Rührwerk
7 Gitter
8 Deckel
9 Niveau-Indikator
10 Humus-Schublade
11 Entlüftungsrohr
12 Kasette m. Ventilator, Heizkörper u. Thermostat

3.7
Verteilerarme auf senkrechter Achse, die gleichzeitig die Feststoffe lockern und mischen. Dieses Rührwerk kann von Hand wie auch motorbetrieben bewegt werden (Biolet, Schweden).

+ Die Leerung des Sammelbehälters ist nur erforderlich, wenn dessen Kapazität erschöpft ist.
+ Eine Streutoilette mit Lüftung kann mit wenigen Bauteilen auch im Selbstbau umgesetzt werden.
+ Verdunstungstoiletten erreichen durch die Wärmezufuhr eine höhere Aufnahmekapazität.
- Das Streumaterial muss meist zusätzlich besorgt bzw. eingekauft und gelagert werden.
- Das Streumaterial nimmt im Auffangbehälter zusätzlich Raum und Gewicht ein.
- Das Abluftrohr muss durch die Wand oder das Dach nach außen geführt werden.
- In der kalten Jahreszeit verursacht die Entlüftung der Toilette in beheizten Räumen Energieverluste.
- Verdunstungstoiletten verbrauchen Strom, um den Urin zu verdunsten.
- Der Betrieb einer Verdunstungstoilette verursacht im Vergleich zu einer Streutoilette einen höheren Wartungsaufwand.

Fazit: Durch die Ausstattung mit einer Entlüftung wird mit meist geringem Mehraufwand ein wirksamer Geruchsverschluss erreicht. Bei Verdunstungstoiletten müssen Energieverluste und ein höherer Wartungsaufwand in Kauf genommen werden. Die Streutoilette mit Lüftung wie die Verdunstungstoilette eignen sich auch für unregelmäßige Benutzungen (z.B. unter der Woche und am Wochenende), da Gerüche nicht allein durch die Art und Menge des Streumaterials gebunden werden, sondern durch die Entlüftung ein Geruchsverschluss hergestellt wird. Streutoiletten mit Entlüftung kann man mit etwas handwerklichem Geschick selbst bauen, wobei die Herstellung der Wand- oder Dachdurchführung für das Abluftrohr ein besonders sorgfältiges Arbeiten erfordert.

Trenntoiletten

Um zu vermeiden, dass größere Flüssigkeitsmengen in den Sammelbehälter für Fäkalien gelangen, wird bei den Trenntoiletten der Urin bereits im Bereich der Toilettensitzöffnung vom Kot getrennt und einem separaten Behälter zugeführt. Eine Bindung des Urins mit Einstreu oder dessen Verdunstung durch Wärmezufuhr, wie bei den vorher beschriebenen Streu- und Verdunstungstoiletten, ist nicht erforderlich. Der Urin fließt direkt oder über eine Gefälleleitung in einen separaten Kanister oder Sammeltank. Mit Wasser vermischt kann er bei Bedarf auch ohne längere Zwischenlagerung als Flüssigdünger für Zierpflanzen verwertet werden (siehe „Urinanwendung" in Kap. 2).

Urin kann vom Benutzer eingetragene Spuren von Arzneimitteln, Östrogenen oder Antibiotika enthalten. Will man essbare Pflanzen damit düngen, sollte als Vorsichtsmaßnahme die Urin-Wasser-Mischung nicht für Blattgemüse und andere bodennahe Pflanzen eingesetzt werden. Die Feststoffe (Kot und Toilettenpapier) werden in einem Behälter unter der Toilettensitzöffnung gesammelt und zwischengelagert. Der Behälterinhalt wird anschließend wie bei den Streutoiletten in einem Komposter im Garten kompostiert. Auch hier sollte der fertige Kompost nach vollständiger Umsetzung nur zur Düngung von Zierpflanzen genutzt werden, um ein Restrisiko durch nicht abgetötete Krankheitskeime und Rückstände aus schwer oder nicht abbaubaren Substanzen auszuschließen.
Auch Trenntoiletten werden u.a. danach unterschieden, ob sie an eine Entlüftungsleitung angeschlossen sind oder nicht.

Die Trenntoilette ohne Entlüftung

Ein Vertreter dieser Bauart ist z.B. TOA Luxus, wenn Terrapreta-Material eingestreut wird. Unter Luftabschluss entwickeln sich bei der Sammlung von Fäkalien natürlicherweise Fäulnisvorgänge, die durch Zusatz eines speziellen Terrapreta-Einstreus (s. Kap. 2) in Richtung Milchsäuregärung gelenkt werden können. Der milchsaure Fermentationsprozess erfordert eine etwas aufwändigere Handhabung im Vergleich zur Streutoilette, weil im Sammelbehälter der Toilette nur Kot und Toilettenpapier, nicht aber Urin gesammelt werden darf. Der Urin muss entweder durch ein separates Sitz- oder Stehurinal (mit Anschluss an einen Kanister bzw. Tank) oder durch eine Urinflasche bei der Toilettenbenutzung abgeführt und gesammelt werden. Bei fachgerechter Führung der milchsauren Fermentation wird eine Art „Vorverdauung" des Kotes erreicht, die eine gute Voraussetzung für die anschließende Kompostierung oder Wurmkompostierung bietet, vor allem, wenn noch pflanzliche Reststoffe zugesetzt werden. Durch den Gärungs- bzw. Fermentationsprozess entstehen anstelle der Faulgerüche des Kotes eher süßlich-saure Gerüche. Damit der Prozess gelingt, ist es notwendig, nach jeder Benutzung die Oberfläche im Behälter mit aktivierter Schwarzerde (Terrapreta) abzustreuen und anschließend den Behälter mit einem Deckel luftdicht zu verschließen.

Würde man z.B. eine Urintrennvorrichtung mit Anschluss an einen Sammelbehälter in der Sitzöffnung verwenden, müsste man auch ein Abluftrohr bzw. einen Geruchsverschluss installieren, um Gerüche aus der Urinsammlung zu unterbinden. Der Fermentierungsprozess wäre dann schwer möglich.

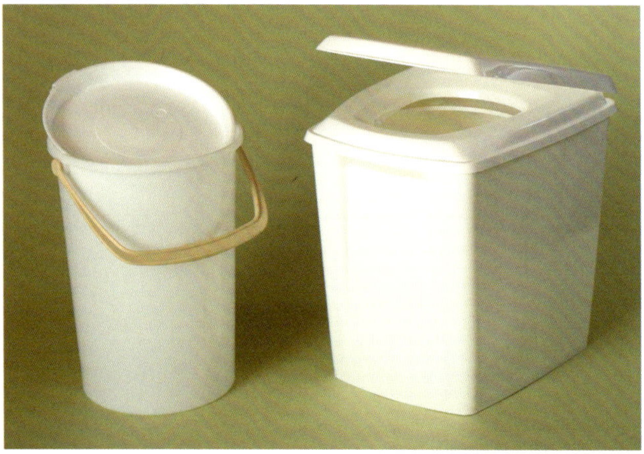

3.8
Die TOA Luxus Streutoilette eignet sich für den Fermentierungsprozess mit Terrapreta-Substrat. Mit einem Deckel lässt sich der Sammelbehälter im Gehäuse nach der Benutzung verschließen und vor der Benutzung wieder öffnen.

Das Fermentierungsverfahren setzt daher eine Umgewöhnung in der Toilettenbenutzung voraus und/oder erfordert zusätzlichen Platzbedarf für ein Sitz- oder Stehurinal. Damit der Inhalt eines gefüllten Behälters für 6 - 8 Wochen außerhalb der Toilette zu Ende fermentieren kann, sind für eine kontinuierliche Benutzung der Toilette weitere Sammelbehälter notwendig. Frische Gerüche, die bei der Toilettenbenutzung entstehen, werden weder gebunden, noch durch ein Abluftrohr abgeführt. Der Toilettenraum sollte daher durch ein zu öffnendes Fenster o.ä. zu lüften sein.

Vor- und Nachteile:

+ Die Toilette kann unabhängig von Anschlüssen (z.B. Abluftrohr, Ventilator) betrieben werden.
+ Die Toilette kann einfach aufgestellt und ggf. aus wenigen Bauteilen auch selbst gebaut werden.
+ Durch den Fermentierungsprozess verbessern sich die Bedingungen für eine anschließende Kompostierung.
+ Der Fermentierungsprozess bindet unangenehme Gerüche, ist aber selbst nicht geruchfrei.
+ Der getrennt gesammelte Urin kann als Flüssigdünger eingesetzt werden.
- Die aktivierte Schwarzerde muss in der Regel zugekauft werden.
- Das Streumaterial nimmt im Auffangbehälter zusätzlich Raum und Gewicht ein.
- Der Sammelbehälter muss nach jeder Benutzung luftdicht verschlossen werden.
- Die Benutzung der Toilette setzt die Akzeptanz und Fähigkeit voraus, Urin getrennt von der Toilette abzuführen.
- Die Zwischenlagerung des jeweils gefüllten Behälters benötigt zusätzliche Standfläche außerhalb des Toilettenraumes.

Fazit: Die Voraussetzungen für die anschließend notwendige Kompostierung werden durch den Fermentierungsprozess verbessert. Die Toilettenbenutzung mit getrennter Urinabgabe ist jedoch gewöhnungsbedürftig und eignet sich für versierte Einzelpersonen, die den Fermentierungsprozess bewusst steuern und betreiben wollen. Als fertige Produkte kommen Streutoiletten ohne Lüftung infrage, bei denen der Sammelbehälter luftdicht verschlossen werden kann und der Urin getrennt gesammelt wird.

Die Trenntoilette mit Entlüftung

Zu dieser Bauart gehören z.B. Separett Villa, Separera 30, Torp Weekend und Biolan Simplett.

Im Unterschied zu den bisher beschriebenen Toilettenarten muss bei der Trenntoilette mit Lüftung keinerlei Streumaterial zur Geruchs- bzw. Flüssigkeitsbindung zugeführt werden. Anstelle des Streumaterials ist jedoch der Anschluss der Toilette an ein Abluftrohr zur Entlüftung des Sammelbehälters (einschließlich Urinsammelbehälter) notwendig. Um einen sicheren Geruchsverschluss zu erreichen, sollte das Abluftrohr senkrecht oder seitlich nach außen über Dach geführt und zusätzlich durch einen elektrischen oder windbetriebenen Ventilator verstärkt werden.

Indem der Urin getrennt gesammelt wird und Einstreu nicht erforderlich ist, erhöht sich die Aufnahmekapazität des Behälters, so dass man seltener leeren muss. Bei weiterem Kapazitätsbedarf kann der gefüllte Behälter durch einen leeren ausgetauscht werden.

Lösungen mit Wechselbehältern eignen sich auch für den Selbstbau, indem man z.B. Fässer oder fahrbare Müllbehälter einsetzt. Das Prinzip wird u.a. für Trockentoiletten auf Veranstaltungen eingesetzt.

Vor- und Nachteile:

+ Mit dem Anschluss eines Abluftrohres bleibt der Toilettenraum auch während der Benutzung geruchfrei.
+ Der Geruchsverschluss durch Unterdruck ermöglicht die Benutzung in Räumen ohne weitere Entlüftung.
+ Der Urin muss nicht durch Einstreu gebunden werden.
+ Der Sammelbehälter für Feststoffe erhält dadurch eine größere Kapazität und muss seltener geleert werden.
+ Der gesammelte Urin kann als Flüssigdünger eingesetzt werden.
+ Es muss kein Einstreu zugekauft und gelagert werden.
+ Eine Trenntoilette mit Lüftung kann mit wenigen Bauteilen selbst umgesetzt werden.
- Das Abluftrohr muss durch die Wand oder das Dach nach außen geführt werden.
- In der kalten Jahreszeit verursacht die Entlüftung in beheizten Räumen Energieverluste.
- Toilettenpapier darf nur in die hintere Öffnung für Feststoffe abgeworfen werden.
- Der Reinigungsbedarf im Bereich der Toilettensitzöffnung ist durch die Trennvorrichtung höher als ohne Trennung.
- Die Toilette kann nur im Sitzen benutzt werden.

Fazit: Die Trennung von Urin und Kot ist eine Voraussetzung, um Urin als Flüssigdünger nutzbar zu machen. Dies verursacht einen Mehraufwand an Installation und erfordert eine erhöhte Disziplin der Benutzer, sich immer auf die Toilettenbrille zu setzen. Trenntoiletten mit Lüftung

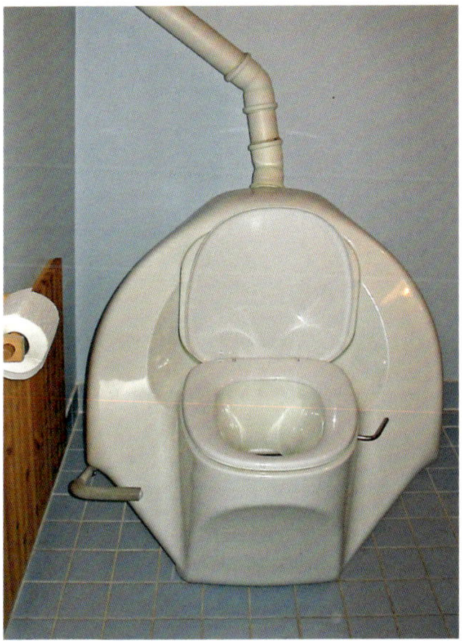

3.9
Die Naturum-Trenntoilette unterscheidet sich von den anderen biologischen Trockentoiletten durch ihr einzigartiges Design. Im Gehäuse ist ein Streu- und Mischsystem untergebracht, das eine Vorkompostierung der Feststoffe ermöglicht (Biolan Naturum, Finnland, Produktion eingestellt).

können mit etwas handwerklichem Geschick auch selbst gebaut werden, wenn ein fertiger Trenneinsatz zugekauft wird und die Herstellung der Wand- oder Dachdurchführung für das Abluftrohr nicht mit besonderen baulichen Schwierigkeiten verbunden ist.

Kompost-Toilettenanlagen

Eine Kompost-Toilettenanlage besteht im Wesentlichen aus dem Anschluss einer oder mehrerer Toilette(n) an einen Kompostbehälter mit mindestens 1 m^3 Gesamtinhalt. Dieses Mindestvolumen ist notwendig, damit ein intensiver Rotteprozess in Gang kommen kann. Der Kompostbehälter ist unterhalb des Toilettenraumes angeordnet und über ein senkrechtes Fallrohr mit der Toilette verbunden. Bei entsprechender Gebäudeplanung ist es möglich, weitere Toiletten auf gleicher Ebene oder aus darüberliegenden Stockwerken an einen Kompostbehälter anzuschließen.

Im Behälter werden die Fäkalien häufig zusammen mit anderen kompostierbaren Reststoffen aus Küche und Garten über mindestens 2 Jahre gesammelt und vollständig zu Erde kompostiert. Die entnommene Erde kann direkt als Dünger und Bodenverbesserungsmittel für Zierflächen eingesetzt werden. Dadurch entfällt der Transport der Fäkalien zu einem Komposter außerhalb des Gebäudes, wie er bei den biologischen Trockentoiletten notwendig ist.

Kompost-Toilettenanlagen eignen für Anwendungen, bei denen größere Aufnahmekapazitäten gefragt sind oder wenn mehrere Toiletten an einen Sammelbehälter angeschlossen werden sollen. Dies ist z.B. bei ganzjähriger Nutzung und/oder bei öffentlichen Toiletten der Fall, um längere Wartungs- und Entnahmeintervalle zu erreichen. Bei frostfreier Aufstellung des Kompostbehälters im Gebäude ist der Kompostierungsprozess im Gegensatz zur Kompostierung im Freien von jahreszeitlichen Schwankungen weitgehend unabhängig.

Im Freizeitbereich werden Kompost-Toilettenanlagen meistens saisonal z.B. in Vereinsheimen, Berghütten und Camps eingesetzt.

Eine Kompost-Toilettenanlage mit ihren Einzelkomponenten ist baurechtlich Bestandteil der Technischen Gebäudeausrüstung und berührt die Bereiche Sanitärtechnik, Entsorgung und Lüftung. Da es sich um eine wasserlose Toilette handelt, die dem Anschluss- u. Benutzungszwang für Spültoiletten zuwiderläuft, bedürfen Kompost-Toilettenanlagen in der Regel einer Ausnahmegenehmigung (s. Kapitel 6). Um eine baurechtliche Anerkennung zu erreichen, sollte man möglichst auf erprobte Systeme zurückgreifen, die an anderen Stellen bereits genehmigt wurden. Ein Selbstbau oder Selbst-Einbau solcher

Bauarten von Komposttoiletten

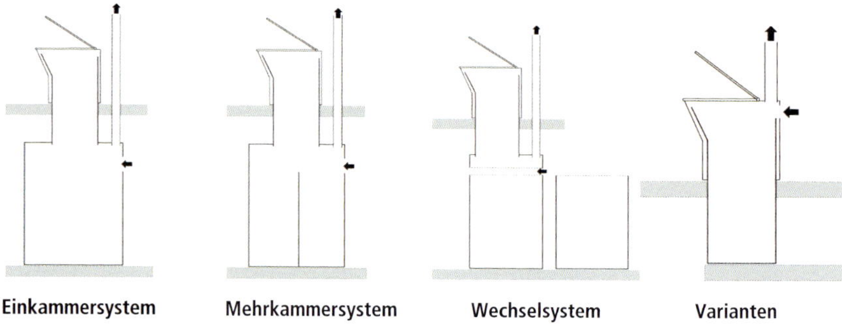

3.10
Übersicht über Kompost-Toiletten-Systeme.
Zeichnung:
Ph. Holzhausen

Systeme ist grundsätzlich machbar, allerdings sollten sich Eigenleistungen besser auf die Installation fertiger Systeme beschränken. Zwar existieren verschiedene Konstruktionsvorschläge für Kompost-Toilettenbehälter, die jedoch keine nachprüfbaren Angaben über deren Praxistauglichkeit enthalten (Materialeignung, statischer Nachweis, Gewährleistung).

Die Anschaffungs- und Installationskosten von Kompost-Toilettenanlagen sind häufig höher als bei Entsorgungsanlagen mit Wasserspültoiletten. Je nach den Bedingungen vor Ort können sich Kompost-Toiletten aber schnell amortisieren, wenn z.B. große Entfernungen zur Kläranlage zu überbrücken sind oder eine geregelte Wasserver- oder -entsorgung nicht zur Verfügung steht.

Welche Arten von Kompost-Toilettenanlagen gibt es?

Kompost-Toilettenanlagen unterscheiden sich u.a. durch die Art der Urinsammlung und -behandlung. Daraus ergeben sich jeweils Konsequenzen für den Kompostierungsprozess sowie für den Anlagenbetrieb und dessen Wartung. Die wesentlichen Vor- und Nachteile beider Arten werden nachfolgend aufgezeigt. Die Entscheidung für den Kauf (oder auch den Selbstbau) eines Systems sollte vor allem nach den eigenen individuellen Bedürfnissen und Möglichkeiten, aber auch nach den planerischen und baurechtlichen Gegebenheiten vor Ort getroffen werden.

Kompost-Toilettenanlage mit Toilette ohne Urintrennung

Beispiele dieser Bauart sind Clivus Multrum, TerraNova, Ecolet, Snurredassen (vgl. Übersicht in Tab. 3.11). Der Kompostbehälter besteht in der Regel aus mehreren Kammern oder Bereichen, in denen das Material gesammelt, umgesetzt und entnommen wird. Durch den Anschluss einer Be- und Entlüftungsvorrichtung an den Behälter wird im System ein Unterdruck erzeugt, der den erforderlichen Geruchsverschluss für jede angeschlossene Toilette gewährleistet. Gleichzeitig ist eine Belüftung für den Kompostierungsprozess sichergestellt. Je nach System und den Rottebedingungen im Behälter kann der Kompostierungsprozess bis zur vollständigen Vererdung der Ausgangsstoffe stattfinden. Eine Nachbehandlung durch Wurmkompostierung (s. Kapitel 2) verbessert die Krümelstruktur, wenn die Komposterde z.B. für Blumenbeete verwendet werden soll. Um die Sauerstoffversorgung (Belüftung) der Kompostmasse und damit die Kompostierungsbedingungen zu verbessern, sollte das Material regelmäßig durchmischt und gelockert werden (z.B. mit Hilfe eines Belüftungsstabes). Überschüssiges Sickerwasser aus Urin und nassen Essensresten wird durch Drainage (z.B. Siebboden oder Gefälle) abgetrennt und eignet sich zur Flüssigdüngung von Flächen, die nicht dem Nahrungsmittelanbau dienen. Diese Einschränkung ist aus hygienischen Gründen durch den Kontakt des Urins mit dem Kot notwendig. Die biologische Umsetzung des Kompostes und die Verdunstung von Sickerwasser können durch Zufuhr von Wärme (z.B. Warmluftkollektor, Heizvorrichtung, warme Abluft aus anderen Räumen) beschleunigt werden. Die zugeführte Luft sollte eine Temperatur von 10°C nicht unterschreiten, damit der Zersetzungsprozess auch im Winter aufrecht erhalten bleibt.

Vor- und Nachteile:

+ Die große Kapazität des Kompostbehälters ermöglicht auch eine hohe Anzahl an Benutzungen (z.B. im öffentlichen Bereich).
+ Toiletten ohne Urintrennung sind kaum erklärungsbedürftig und erleichtern die Reinigung, besonders im öffentlichen Bereich.
+ Durch die Fallrohrverbindung zwischen Toilette und Kompostbehälter im Gebäude entfällt der Transport zum Kompost.
+ Die Kompostierung der Fäkalien ist bei frostfreier Installation des Behälters ganzjährig möglich.

Produktname	14 Biolan Komplet	15 Biolan eco	16 Wostman Eco Dry
Produktsteckbrief Komposttoiletten und Anlagen			
Produktvarianten	Biolan Trenntoilette	Biolan Populett 200	
ähnliche Produkte	Piteco 900	Ekolet Happy Loo	Separett Villa 9020
Ausstattung			
elektr. Anschluss	nein	nein	Ventilator
Toilettenanschlüsse	1	1	1
Urintrennung	Drainage	Drainage	ja
Sichtblende	nein	nein	nein
Behälter Feststoffe	1	1	1
Behälter Flüssigstoffe	extra	extern	extra
Zubehör inklusive	Abluftrohr, Regenkappe, Ablaufschlauch, Streudosierer, Einstreu	Abluftrohr, Regenkappe, Ablaufschlauch, Streudosierer, Einstreu	Fallrohr, Geruchsverschluss Urin, Ventilator, Spülwasserzulauf
Produktdaten Toilette			
Maße H x B x T	wie Behälter	wie Behälter	58 x 40 x 45 cm
Sitzhöhe	53 cm	45 - 50 cm	48 cm
max. Sitzlast	120 kg	150 kg	150 kg
Material Gehäuse	wie Behälter	wie Behälter	Sanitärkeramik, weiß
Material Sitz	Thermositz, schwarz	Thermositz, schwarz	Kunststoff, weiß
Produktdaten Behälter			
Maße H x B x T	78 x 60 x 85 cm	65 x 65 x 100 cm	64 x 44 x 54 cm
Material	PE-Kunststoff, grün	PE-Kunststoff, braun/grau	PE-Kunststoff, schwarz
Kapazität	140 l	200 l	100 l
Flüssigspeicher	extra	25 l	extra
Abluftanschluss	75 mm	75 mm	75 mm
Ablaufanschluss	32 mm	32 mm	19 mm
Fallrohrdurchmesser	nein	nein	200 mm
Gewicht	16 kg	24 kg	keine Angabe
Garantie	1 Jahr	1 Jahr	3 Jahre
ca.-Preis gesamt	425 €	750 €	1.400 €
Geruchsminderung			
Einstreu	ja	ja	nein
Lüftung	ja	ja	ja
Zubehör exkl.			
	Sammelkanister		Sammelkanister, Abluftrohr, Ablauf

3.11
Produktsteckbriefe einiger Kompost-Toilettenanlagen (nach Herstellerangaben ohne Gewähr).
Die Angaben erfolgten nach Informationen der Anbieter und Hersteller von Kompost-Toilettenanlagen im deutschsprachigen Raum in Werbeprospekten und Internetinformationen (2020).

17 Ecolet Biolet YV	18 Ecodomeo	19 Kazuba STK	20 Clivus M150
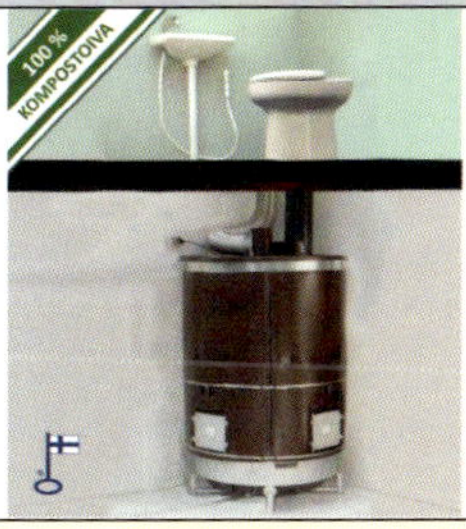	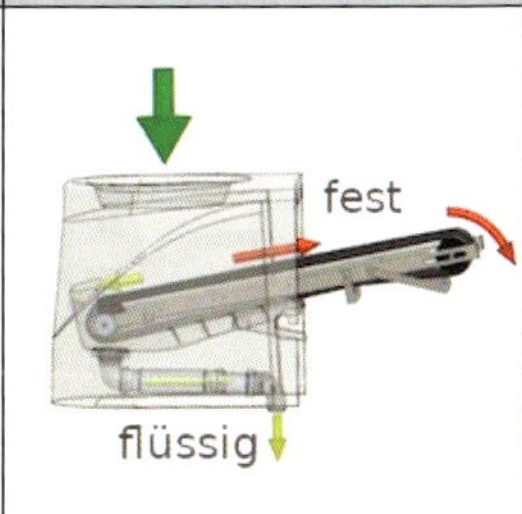	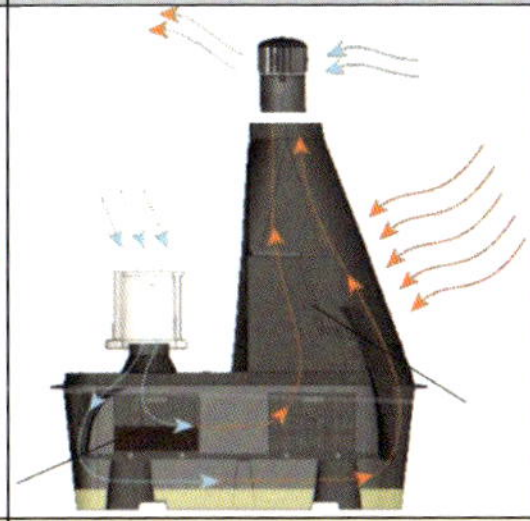	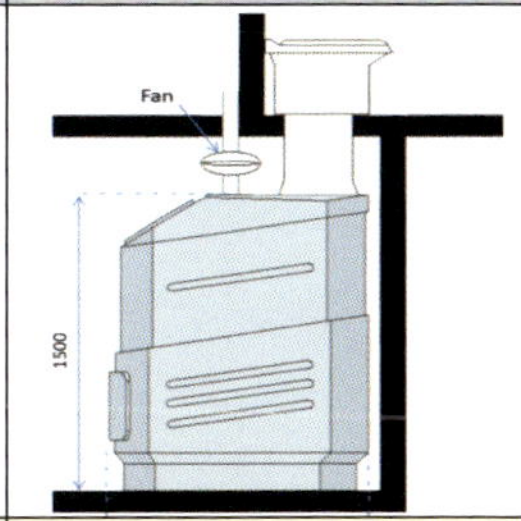
Ekolet VU, VS	Förderband elektrisch	Toilettenkabine KL1, KL3	Clivus M100, M300
Snurredassen			Mulis M200
Ventilator	Ventilator	nein	Ventilator
1 - 2	1	1	1 - 2
Drainage	ja	Drainage	Drainage
nein	nein	nein	nein
4	extra	1	1
extra	extra	400 l	100 l
	mechanisches Förderband für horizontal. Lagerraum (bauseitig)	Toilettenkabine KL2	
58 x 40 x 45 cm	54 x 44 x 48 cm	43 x 35 x 49 cm	50 x 36 x 46 cm
48 cm	46 cm	47 cm	43 cm
150 kg	150 kg	250 kg	150 kg
Sanitärkeramik, weiß	GFK-Kunststoff, weiß	PE-Kunststoff, weiß	Sanitärkeramik, weiß
Kunststoff, weiß	Multiplex/Deckel	Kunststoff, weiß	Kunststoff, weiß
ø 125 x 215 cm	(bauseitig)	220 x 100 x 85 cm	115 x 79 x 150 cm
PE-Kunststoff / Stahl	(bauseitig)	PE-Kunststoff	PE-Kunststoff, schwarz
4 x 350 l	(bauseitig)	800 l	1.000 l
extra	(bauseitig)	400 l	100 l
160 mm	(bauseitig)	Solarkamin	100 mm
19 mm	40 mm	nein	19 mm
200 mm	200 mm	200 mm	250 mm
150 kg	(bauseitig)	80 kg	40
5 Jahre	5 Jahre	2 Jahre	3 Jahre
3.600 €	2.900 €	9.000 €	2.600 €
			ca. 4.300 €
nein	neine	nein	ja
ja	ja	ja	ja
Sammelkanister, Abluftrohr	Lagerraum/Speicher, Sammelkanister, Abluftrohr, Ventilator, Ablauf		Sammelkanister, Abluftrohr, Ventilator, Fallrohr, Starterbett, Ablaufschlauch

Toilettensysteme, die einzeln auf Bestellung importiert werden müssen, sind hier nicht aufgeführt. Ein Anspruch auf Vollständigkeit besteht nicht. Auf Hinweise zur Personenkapazität, zum Energieverbrauch, zur Handhabung und zum Installationsaufwand wurde verzichtet, da sich diese Kriterien kaum nachprüfen lassen und entsprechende Angaben dazu von Hersteller zu Hersteller schwer vergleichbar sind.

3.12
Trenntoilette in Sanitärkeramik.

3.13
Trenntoilette in Mineralguss (Foto: Holzapfel)

+ Kompostierbare Reststoffe aus Küche und Garten können mitverwertet werden.
+ Mit dem Anschluss eines Abluftrohres bleibt der Toilettenraum auch während der Benutzung geruchfrei.
+ Der Geruchsverschluss durch Unterdruck ermöglicht die Benutzung auch in Räumen ohne weitere Entlüftung.
– In der kalten Jahreszeit verursacht die Entlüftung in beheizten Räumen Energieverluste.
– Die Installation einer Kompost-Toilettenanlage muss bereits im Zuge der Gebäudeplanung berücksichtigt werden.
– Der Kompostbehälter mit Fall- und Lüftungsrohren beansprucht zusätzlichen Raum im Gebäude.
– Für einen funktionierenden Betrieb muss eine regelmäßige Wartung durchgeführt werden.
– Zur Bindung von Urin und Sickerwasser muss saugfähiges und strukturreiches Streumaterial zugeführt werden.
– Das Streumaterial nimmt im Kompostbehälter zusätzlichen Raum ein.
– Das Streumaterial muss meist zusätzlich besorgt bzw. eingekauft und gelagert werden.
– Ein zu hoher Wassergehalt führt zu Fäulnisprozessen und sollte durch einen Sickerwasserablauf oder ein separates Urinal verhindert werden.

Fazit: Kompost-Toilettenanlagen mit Toilette ohne Urintrennung eignen sich vor allem für den Einsatz in öffentlichen Bereichen. Die Benutzung und Reinigung ist einfacher als bei Toiletten mit Urintrennung. Zur Aktivierung und Beschleunigung des Kompostierungsprozesses ist die regelmäßige und ausreichende Zugabe von saugfähigem Strukturmaterial erforderlich. Die verfahrenstechnischen und bautechnischen Anforderungen an den Kompostbehälter (Statik, Material etc.) sind hoch und mit Eigenkonstruktionen nur schwer umzusetzen. Die Möglichkeiten zu Eigenleistungen beschränken sich daher auf die Montage fertiger Anlagen und ggf. auf den Bau der Toilette.

Kompost-Toilettenanlage mit Trenntoilette

Die o.g. Kompost-Toilettenanlagen können mit Trenntoiletten anstatt mit Toiletten ohne Trennung ausgestattet werden. Beispiele sind u.a. WM-ES-Toilette, TTC-Mineral, Separett Villa 9020 und TerraNova. Durch Abtrennung und Sammlung des Urins kann nicht nur ein nährstoffreicher Flüssigdünger gewonnen werden, gleichzeitig wird auch ein Vernässen des Kompostes vermieden und Streumaterial zur Flüssigkeitsbindung eingespart. Die Trennung des Urins von den Feststoffen

(Kot und Toilettenpapier) kann durch eine Trennvorrichtung in der Sitzöffnung der Toilette oder auch durch ein Steh- oder Sitzurinal erreicht werden.

Der abgetrennte Urin fließt über eine Gefälleleitung in einen separaten Sammeltank oder wird einer entsprechend dimensionierten Grauwasserbehandlung direkt zugeführt. Um ein Austrocknen der Kompostmasse und damit eine Verlangsamung des Kompostierungsprozesses zu vermeiden, muss das Material im Behälter ggf. mit Wasser befeuchtet werden. Alternativ sollte bei mehreren Toilettenanschlüssen eine der Toiletten ohne Urintrennung ausgestattet werden. Auch können Trenneinsätze verwendet werden, die nur einen kleinen Teil des vorderen Bereiches abtrennen, während der restliche Urin in die Öffnung für Feststoffe gelangt.

Kot und Toilettenpapier fallen über ein senkrecht verlaufendes Rohr in den Kompostbehälter unterhalb des Toilettenraumes. Als Geruchsverschluss wird, wie bei Kompost-Toilettenanlagen üblich, ein Abluftrohr mit dem Kompostbehälter verbunden und über Dach geführt. In Verbindung mit einem elektrischen oder windbetriebenen Ventilator wird über die Urinleitung auch der Sammelbehälter für Urin entlüftet. Bei Anschluss an eine Abwasseranlage muss in die Urinleitung ein Geruchsverschluss (z.B. Siphon mit s-förmigem Rohr) installiert werden. Lassen sich die Bedingungen für den Kompostierungsprozess schwer aufrechterhalten (z.B. in ariden Gebieten oder im Gebirge in über 2000 m Höhe), ist mit Hilfe der Urintrennung eine bessere Trocknung der Feststoffe, z.B. durch Zufuhr von solar erzeugter Warmluft, möglich. Eine in den Entwicklungsländern immer häufiger verwendete Toilettenart ist das UDDT (Urine Diverting Dry Toilet), bei dem der Kot in Wechselbehältern oder in einer zweiten Kompostkammer bis zur vollständigen Trocknung zwischengelagert wird. Dadurch wird eine Vermischung von frischen mit schon getrockneten Materialien ausgeschlossen, was aus hygienischen Gründen für den Transport und die anschließende Behandlung von Vorteil ist.

Vor- und Nachteile:

+ Mit dem Anschluss eines Abluftrohres bleibt der Toilettenraum auch während der Benutzung geruchfrei.
+ Der Geruchsverschluss durch Unterdruck ermöglicht die Benutzung in Räumen ohne weitere Entlüftung.
+ Der Urin muss nicht durch Einstreu gebunden werden.

3.14 *ganz oben*
Trockenurinal in PE-Kunststoff.

3.15 *darunter*
Trockenurinal in Sanitärkeramik

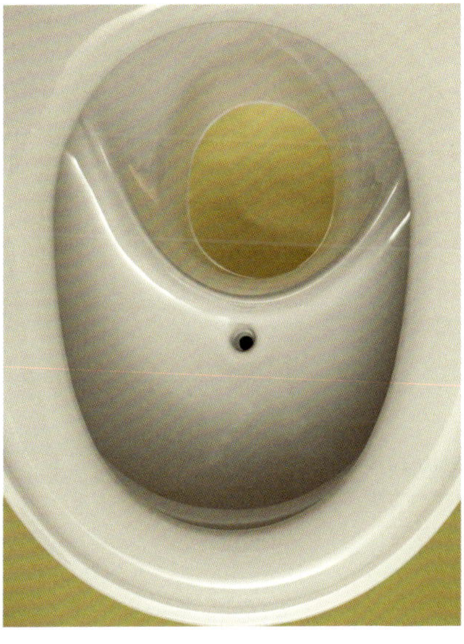

3.16 *links unten*
Trennbereich der WM-Toilette mit Fallrohranschluss.

3.17 *rechts unten*
Einsatz zur teilweisen Urintrennung. Für den Kompostierungsprozess ist es vorteilhaft, wenn ein Übermaß an Flüssigkeit und Nährstoffen nicht durch zusätzlichen Einstreu kompensiert werden muss, Der Urin wird hier über einen Schlauch oder eine Rohrleitung separat abgeführt.

- \+ Der abgetrennte Urin kann als Flüssigdünger genutzt werden.
- – Kompostierbare Küchen- und Gartenabfälle müssen getrennt kompostiert werden.
- – In der kalten Jahreszeit verursacht die Entlüftung in beheizten Räumen Energieverluste.
- – Der Kompostbehälter mit Fall- und Lüftungsrohren und ggf. der Urintank beanspruchen zusätzlichen Raum im Gebäude.
- – Die Installation einer Kompost-Toilettenanlage mit Urintrennung erzeugt zusätzlichen Aufwand bei der Gebäudeplanung.
- – Betrieb und Wartung müssen regelmäßig und verlässlich durchgeführt werden.
- – Um die notwendige Feuchtigkeit im Kompostierungsprozess zu gewährleisten, muss der Kompost ggf. bewässert werden.
- – Getrocknetes Material kann, je nach System, zu Blockaden im Behälter führen. Weiterhin verrottet Toilettenpapier schlecht.

Fazit: Kompost-Toilettenanlagen mit Trenntoiletten eignen sich für den Einsatz in eher halböffentlichen Bereichen. Die Trennung von Urin und Kot durch Trenntoiletten ist eine Voraussetzung, um Urin als Flüssigdünger nutzen zu können. Dafür sind aber ein Mehraufwand an Installation und erhöhte Disziplin der Benutzer erforderlich. Bei Eigenleistungen sollte man sich auf die Montage fertiger Anlagen und ggf. auf den Bau der Trenntoilette beschränken.

Einsatzbereiche: Welches System für welche Anwendung?

Den Anwender wird an dieser Stelle besonders interessieren, welches der beschriebenen Toilettensysteme nun für die eine oder andere Anwendung am besten geeignet bzw. zu empfehlen ist. Neben den technischen Aspekten werden bei der Wahl sicherlich auch eine einfache und möglichst hygienische Handhabung und die räumliche Unterbringung und deren Ästhetik eine Rolle spielen. Tabelle 3.18 gibt eine Übersicht, welche Anforderungen die einzelnen Anlagen erfüllen und für welche Einsatzbereiche sie hauptsächlich infrage kommen. Über die folgenden Empfehlungen hinaus werden in Kapitel 5 für die diversen Einsatzbereiche Beispiele beschrieben, die die praktische Umsetzung zeigen.

Anwendungen

Für *Gartenhäuser* in Kleingartenanlagen, die nur gelegentlich benutzt werden, werden bevorzugt einfache Streutoiletten eingesetzt, die wenig Platz erfordern und preiswert sind. Der Behälterinhalt kann auf dem parzelleneigenen Kompost ausgeleert und dort kompostiert werden. Bei häufigerer Benutzung empfehlen sich Systeme mit getrennter Urinsammlung, die bei Kompost-Toilettenanlagen auch als Zusatzausstattung nachträglich eingebaut werden können.

Wochenendhäuser und Hütten für den zeitweisen Aufenthalt, die nicht an eine Abwasserleitung angeschlossen sind, erfordern aufgrund der intensiveren Nutzung in der Regel größere Behälterkapazitäten und Systeme mit Urintrennung und einer funktionierenden Entlüftung.

Mobile Anwendungen in Wohnmobilen oder auf Booten o.ä. sind von den Entsorgungsanforderungen mit den Gartenhäusern vergleichbar, wobei hier aus Kapazitätsgründen Trenntoiletten eher zu empfehlen sind.

Für *Gebäude mit ganzjähriger Nutzung* und *öffentliche Toiletten* fernab vom Abwassernetz kommen in erster Linie Kompost-Toilettenanlagen infrage, zumal sie die Möglichkeit bieten, zwei oder mehr Toiletten an einen Behälter anzuschließen. Diese „großen" Systeme erfordern eine sorgfältige Vorplanung und ggf. sogar eine Genehmigung, so dass vor dem Einbau auf jeden Fall ein Fachmann zu Rate gezogen werden sollte.

Checkliste: Welche Kompost-Toilette ist bei welchen Anforderungen geeignet?

Anforderungen	TOA-Standard	TOA-Luxus	Sanitoa	TOA Nova, Kekkilä	Biolet 15e	TROBOLOW	Kildwick EasyLoo	Blue Diamond Nature	Natures Head	Biolan Simplett	TC-Holz	Separett Weekend	Separett Villa 9000	Biolan Komplet	Biolan eco	Wostman Eco Dry	Ekolet Biolett YV	Ecodomeo	Kazuba STK	Clivus M150
System Nr.	**1**	**2**	**3**	**4**	**5**	**6**	**7**	**8**	**9**	**10**	**11**	**12**	**13**	**14**	**15**	**16**	**17**	**18**	**19**	**20**
ohne Stromanschluss	X	X	X	X		(X)	(X)	X		X		(X)		X	X				X	
12 V-Betrieb					(X)				X		X	X	(X)			X	X			
230 V-Betrieb					X						X	X	X				X	X		X
eingebauter Ventilator					X				X		X	X	X			X				
Abluftrohr				X	X				X	X	X	X	X	X	X	X	X	X	X	X
Urintrennung						X	X	X	X	X	X	X	X			X	X	X		
Ablaufanschluss				X						X	X	X	X	X	X	X	X	X		X
Sichtblende					X				X				X							
Feststoffverteiler				X	X				X				X							
Sammlung in Beuteln	X	X	X			X	X	X		X	X	X	X							
ohne Einstreu (außer Start)					X				X			X	X			X		X	X	
Kapazität > 4 Tage/Pers.				X	(X)					X	X	X	X	X	X	X	X	X	X	X
wartungsarm	X	X	X	X		X	X	X		X	X	X	X	X	X	X	X		X	X
geringer Platzbedarf	X	X	X	X		X	X	X	X	X	X	X								
Einsatzbereiche																				
ganzjährige Nutzung					X							X	X	X	X	X	X	X	X	X
Saisonweise Nutzung	X	X	X	X	X	X	X	X	X	X	X	X	X	X	X	X	X	X	X	X
Wochenendnutzung	X	X	X	X	X	X	X	X	X	X	X	X	X	X	X	X	X	X		
Party/Feier				X							X	X		X	X	X	X	X	X	X
Sitzlast > 120 kg	X		X	X	X	X	X	X	X	X	X	X	X	X	X	X	X	X	X	X
für Gehbehinderte			X			X	X		X	X	X	X		X	X	X	X	X	X	X
für öffentlichen Bereich															(X)				X	X
für Wohnhäuser					(X)								X				X	X		X
für Ferienhäuser				X	X					X	X	X	X	X	X	X	(X)	X		
für Gartenlauben	X	X	X	X	X	X	X	X	X	X	X	X	X	X						
für Wohnmobile	X	X				X	X	X	X											
für Boote	X	X					X	X	X											
für Camper/mobil	X	X					X	X												
Anschaffungskosten 2020																				
unter 250 €	X	X	X																	
250 - 500 €				X			X	X		X		X		X						
500 - 1000 €						X			X		X		X		X					
1000 - 2500 €					X											X				
> 2500 €																	X	X	X	X
Garantiezeit Jahre	2	2	3	2	2	2	2	2	5	2	2	3	5	1	1	3	5	5	2	3

3.18: Welche Kompost-Toilette eignet sich für welche Anforderungen?
Unverbindliche Angaben nach Einschätzung des Autors. (X) = geeignete Variante vorhanden

Selbstbau-Lösungen für biologische Trockentoiletten

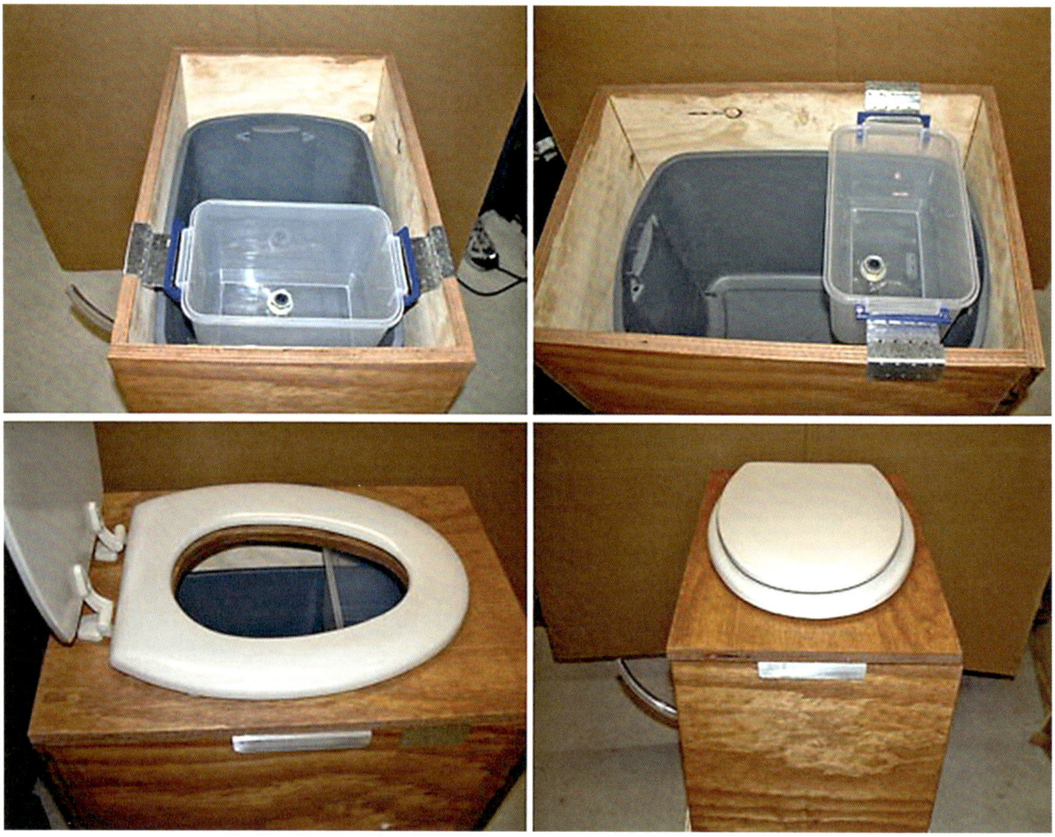

Oben: Eine Selbstbau-Trenntoilette, wie sie vom Erbauer im Internet präsentiert wird. Der Trennbereich ist variabel, sollte jedoch aus anatomischen Gründen weiter in die Mitte der Sitzöffnung ragen. Fotos: Quelle unbekannt

Unten: Leicht nachzubauen: Die „Humanure"-Streutoilette. Wichtig ist ein genügend hoher Eimer, der bis unter den Deckel des Gehäuses reicht. Eine Toilette, die auch bei -40°C (Mongolei) funktioniert.

Bauplan für eine Eimer-Einstreutoilette

nach einer Vorlage von Oliver Vienne (Ecaussines , Belgien)

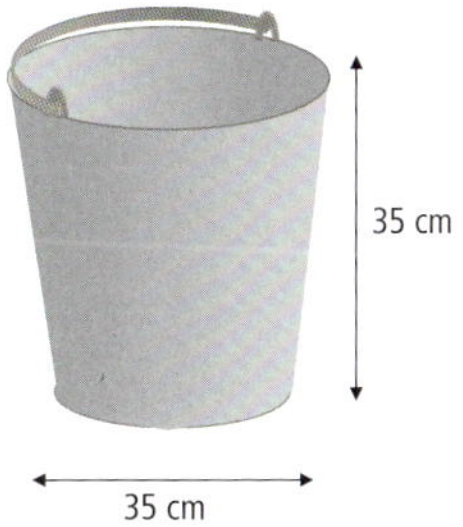

Sammelbehälter:
z.B. Edelstahl-Eimer 20 l oder 30 l
Kosten: ca. 80 - 100 €

Es ist sinnvoll, die Gehäuseabmessungen auf die Größe des Sammelbehälters abzustimmen und nicht umgekehrt. Daher sollte zuerst der Sammelbehälter besorgt und das Gehäuse anschließend darum herum gebaut werden.

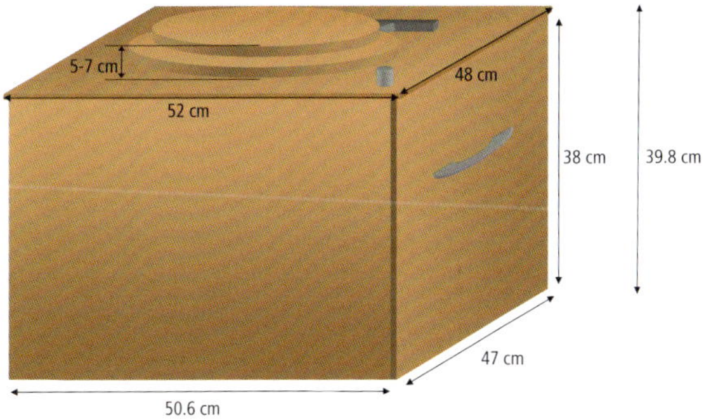

Toiletten-Gehäuse aus Brettschichtholz- oder Sperrholz-Platten

Holzzuschnitte

Leimholz- oder Sperrholz-/Multiplex-Platten, Materialstärke 18 mm

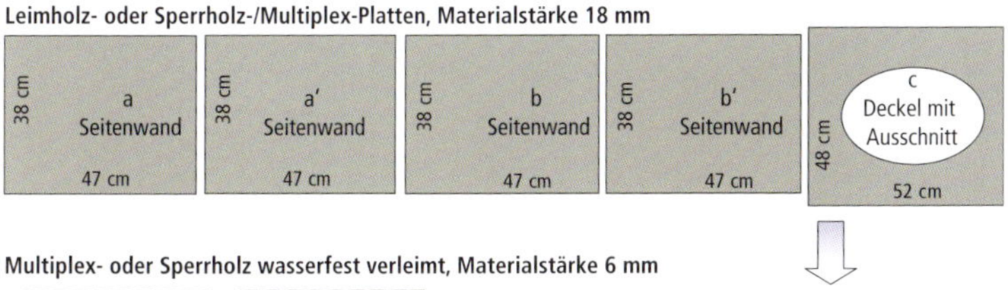

Multiplex- oder Sperrholz wasserfest verleimt, Materialstärke 6 mm

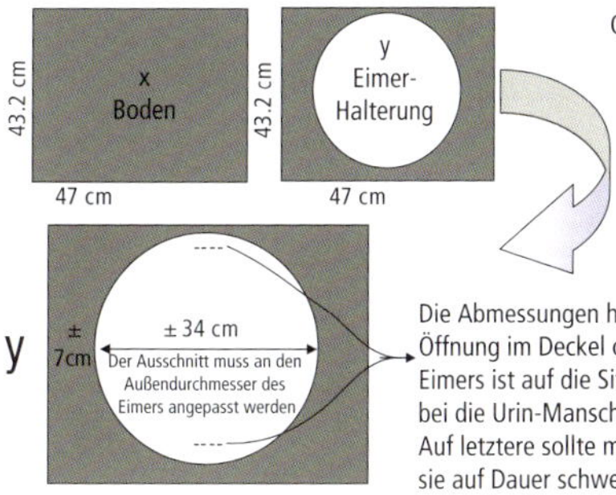

Ovaler Ausschnitt abgestimmt auf die Klobrille, die als Schablone benutzt werden kann. Die Öffnung muss etwas größer sein als der Innendurchmesser der Klobrille.

Die Abmessungen hängen von der Größe der Öffnung im Deckel c ab. Die genaue Position des Eimers ist auf die Sitzposition abzustimmen, wobei die Urin-Manschette in den Eimer ragen muss. Auf letztere sollte möglichst verzichtet werden, da sie auf Dauer schwer sauber zu halten ist. Besser sollte der Eimer bis dicht unter den Deckel ragen.

Materialbedarf

1 Toilettensitz mit Deckel + Scharnieren
2 Scharniere Edelstahl o. Messing
  mit passenden Schrauben
60 cm dünne Kette
2 Griffe und 1 Knauf
4 Möbelgleiter, ggf. höhenverstellbar
180 cm Holzleisten (4 x 4 cm)
- Schrauben mit Abdeckkappen
- Holzleim, Farbe

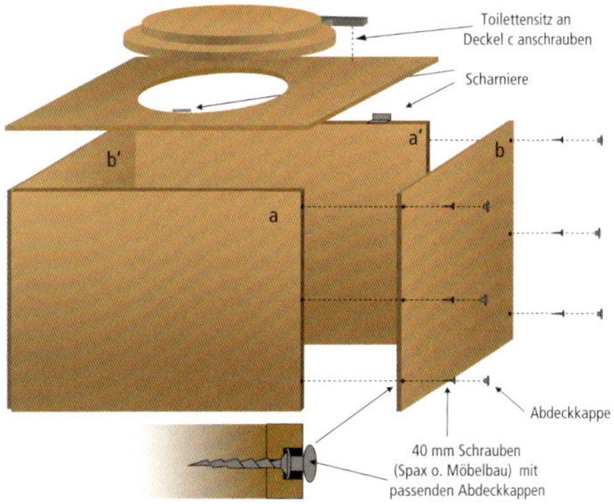

Der Zusammenbau

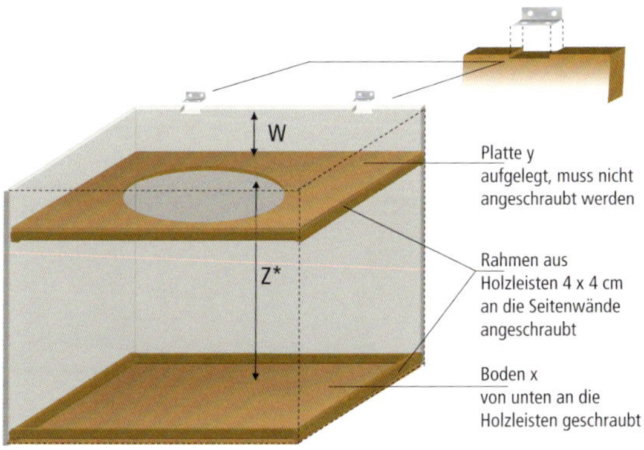

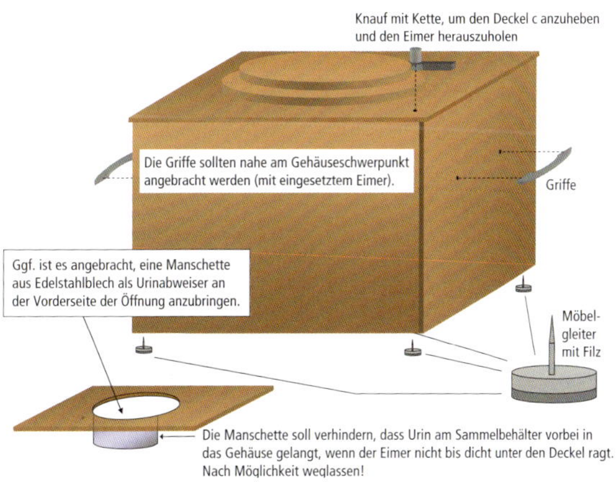

Ein selbstgebautes Toilettengehäuse mit Kindersicherung: Erst wenn man die mit einem senkrechten Stift verbundene Sperre anhebt und wegdreht, kann der Deckel geöffnet werden.

Das Gehäuse kann auch aus OSB-Platten angefertigt werden, hier mit Entnahme des Eimers durch eine seitliche Tür.

Handwerklich anspruchsvoll und in Kleinserie hergestellte Streutoilette mit rundem Gehäuse auf einer Messe in Colmar/Frankreich. Foto: Cl. Lorenz-Ladener

Maßgefertigtes Gehäuse für eine Terranova-Kompost-Toilettenanlage. Die Sitzhöhe von 1 m zur Unterbringung des Sammelbehälters wird durch eine Stufe bewältigt. Quelle: unbekannt

Untere Reihe: Durch wenige kunstvolle Accessoires eines Holzhandwerkers wird die Streutoilette zum Thron. Fotos: Cl. Lorenz-Ladener

4 Bauteile einer Kompost-Toilette

Dieses Kapitel behandelt alle wichtigen Einzelteile bzw. Bausteine von biologischen Trockentoiletten und Kompost-Toilettenanlagen. Einerseits wird gezeigt, welche Details beim Kauf besonders zu beachten sind und welches Zubehör für spezielle Anwendungen verfügbar ist. Andererseits hilft die Beschreibung der Komponenten und verfügbaren Spezialteile all denen weiter, die eigene Lösungen verwirklichen bzw. eine Kompost-Toilette selbst bauen möchten.

Die meisten käuflichen *biologischen Trokkentoiletten* bestehen aus

- einem Toilettengehäuse mit Sitz,
- einem oder mehreren Sammelbehältern für Fäkalien oder Kot,
- ggf. einem Sammelbehälter zur Urin- bzw. Sickerwassersammlung,
- ggf. Zusatzausstattungen wie Urintrennvorrichtung, Sichtblende u.a.,
- ggf. einem Rohranschluss für die Entlüftung (vgl. Abb. 3.3)

Bei *Kompost-Toilettenanlagen* ist der Sammelbehälter wesentlich größer, so dass auch mehrere Toiletten in unterschiedlichen Stockwerken an einen Kompostbehälter angeschlossen werden können. Sie bestehen aus (vgl. Abb. 3.10):

- einer oder mehreren Toilette(n) mit Sitz und Fallrohranschluss,
- ggf. Zusatzausstattungen der Toiletten wie Urintrennvorrichtung, Sichtblende,
- einem senkrechten Fallrohr je Toilette,
- einem Kompostbehälter mit einer oder mehreren Kammer(n),
- Zu- und Abluftanschlüssen und einer Abluftleitung über Dach.

In der Praxis zeigt sich, dass für biologische Trockentoiletten wie für Kompost-Toilettenanlagen zum Teil gleiche oder ähnliche Bauteile zum Einsatz kommen. Sie werden im Folgenden entsprechend ihrer Funktion beschrieben, ohne eine Festlegung auf eines der Systeme. Für den Kauf wie für den Selbstbau können die folgenden Anforderungen und Hinweise (Tipps) hilfreich sein.

Allgemeine Voraussetzungen

Für den Benutzer einer Toilette und dessen Akzeptanz spielt in der Regel die Einhaltung von Mindeststandards an Hygiene, Komfort und Ästhetik eine größere Rolle als das System selbst. Deshalb sind folgende Kriterien zu beachten:

- Eine Grundfläche von 80 x 120 cm (Europaletten-Größe) ist für die Aufstellung der meisten angebotenen biologischen Trockentoiletten ausreichend. Ist z.B. eine Schublade oder ein Behälter seitlich oder nach vorne zu entnehmen, muss im Aufstellraum entsprechend mehr Platz sein. Will man eine Möglichkeit zur Händereinigung und z.B. einen Behälter für Streumaterial im Toilettenraum unterbringen, sollte die Grundfläche besser 120 x 120 cm groß sein. Rollstuhlfahrer benötigen eine Mindestfläche von 150 x 150 cm. Dabei gelten die Anforderungen für barrierefreies Wohnen nach DIN 18025 (Abb. 4.1). Bei Platzmangel kann eine Toilette ohne Lüftung aufgestellt werden, die man zur Seite stellt, wenn sie nicht gebraucht wird. Ist nicht genügend Platz im Ge-

4.1
Zu einer behindertengerechten Einrichtung gehört eine für Rollstuhlfahrer barrierefrei benutzbare Toilette (Kompost-Toilettenanlage VHS-Ökostation Wartberg, Stuttgart).

4.2
Ein separates Herzhäuschen mit Grasdach am Radwanderplatz in Nordjütland, Dänemark.

- Bei biologischen Trockentoiletten ohne Lüftung sollte der Raum durch ein zu öffnendes Fenster oder eine andere Raumentlüftung zu lüften sein. (Abb. 4.5)
- Bei Streutoiletten muss Platz für einen Streubehälter möglichst in Reichweite der Toilette vorhanden sein.
- Nach der Toilettenbenutzung sollte die Möglichkeit zur Händereinigung und -trocknung bestehen. (Abb. 4.6)
- Außerhalb des Gebäudes sollte eine Kompostiermöglichkeit für die Toiletteninhalte vorhanden sein. (Abb. 4.7)

4.3 *oben links*
Ein ausgedienter Servierteller aus Glas lässt das Tageslicht in den Toilettenraum durchscheinen und schützt vor Einblikken (Trockentoilette auf einem Reiterhof Schönberg, Ostsee).

4.4 *oben rechts*
Besonders bei öffentlichen Toiletten ist der erste Eindruck entscheidend, ob man die Toilette benutzen will. Pflegeleichte und robuste Oberflächen erleichtern die Reinigung (Öffentliche Kompost-Toilettenanlage auf der Landesgartenschau in Norderstedt).

bäude vorhanden, baut man ein separates Toilettenhaus oder stellt ein Toilettenzelt im Freien auf (Abb. 4.2).

- Der Toilettenraum sollte durch ein Fenster oder Oberlicht belichtet werden. (Abb. 4.3)
- Fußboden und Wände sollten leicht zu reinigen sein, auch in den Ecken und in den Übergängen von Boden zur Wand (Abb. 4.4).

Tipp: Bei häufiger Toilettenbenutzung empfiehlt sich zusätzlich ein Trockenurinal oder ein Sitzurinal vorzusehen (Abb. 4.8).

Tipp: Statt eines Schlosses mit Schlüssel lässt sich die Toilettenraumtür auch durch einen Fallriegel von innen absperren.

Tipp: Eine schöne Aussicht auf die Landschaft, eine Pflanze oder auf ein interessantes Bild hebt den Toilettenkomfort.

4.5 *unten links*
Durch die herzförmige Öffnung ist hier eine Dauerentlüftung sichergestellt.

4.6 *unten Mitte*
Mobiles Waschbecken mit fließendem Wasser. Per Fußpumpe wird Frischwasser geliefert und in einen zweiten Kanister als Grauwasser aufgefangen (auf einem Marktstand in Cucuron, Südfrankreich)

4.7 *unten rechts*
Eine vorbildliche Kompostierung ist auch auf dem Hausboot möglich. Das Sickerwasser wird aufgefangen und als Blumendünger verwendet. Der fertige Kompost wird zur Nachkompostierung an Land gebracht (Hausboote am Berliner Ufer, Hamburg-Wilhelmsburg).

4.8
Ein improvisiertes, fahrbares Steh-Urinal mit Sackkarre und Sammelbehälter eignet sich für viele Anlässe und dient als Ergänzung zu einer biologischen Trockentoilette (Foto R. Kuikas).

4.9
Offene Urinalstände für Männer sind besonders bei öffentlichen Veranstaltungen im Freien und stark besuchten Ausflugszielen sinnvoll. So können bis zu 4 Besucher gleichzeitig urinieren, ohne die Toilette zu blockieren. Verbunden mit einem ausreichend großen Tank sind dies effektive Sammelstellen für eine zukünftige urinverarbeitende Industrie (mehrere Hersteller).

Toilettengehäuse mit Sitz

Toiletten sind in der westlichen Welt hauptsächlich als Sitztoilette verbreitet. Die Toilette sollte so dimensioniert sein, dass sie eine funktionsgerechte Benutzung ermöglicht sowie praktisch und einfach zu bedienen ist. Folgende Kriterien sind zu beachten:

- Die normale Sitzhöhe beträgt ca. 43 cm. Ältere und/oder größere Benutzer, Rollstuhlfahrer oder Menschen mit Rückenproblemen benötigen eine Sitzhöhe von mindestens 48 cm. Bei einigen marktgängigen Toilettensystemen werden unterschiedliche Sitzhöhen angeboten.
- Das Gehäuse muss für eine Belastung mit mindestens 100 kg, besser 150 kg ausgelegt sein.
- Aus Platzgründen ist die Entnahme des Sammelbehälters vorzugsweise von oben und/oder von vorne empfehlenswert. Das Gehäuseoberteil mit Sitz sollte daher abnehmbar oder nach hinten kippbar sein.
- Mobile Toiletten müssen kippsicher sein, insbesondere wenn sie von Kindern benutzt werden. Wenn dies nicht durch die Konstruktion selbst sichergestellt ist, kann das Toilettengehäuse auf dem Boden oder an der Rückseite mit Schrauben oder durch eine Klemmvorrichtung fixiert werden.
- Toiletten mit Fallrohranschluss sollten im offenen Übergang zum Fallrohr aus Sicherheitsgründen keinen größeren Anschlussdurchmesser als 20 cm haben. (Abb. 4.11)
- Für Kleinkinder gibt es im Handel rutschfeste Kindersitze für die Sitzöffnung, speziell auch für Trenntoiletten. (Abb. 4.12).
- Alle Oberflächen sollen leicht sauber zu halten sein und eine Desinfektion ermöglichen.
- Alle verwendeten Materialien sollten im Entsorgungsfall einfach und umweltgerecht zu recyceln bzw. zu entsorgen sein.

Tipp: Ein einfaches Toilettengehäuse zur Unterbringung des Sammelbehälters lässt sich aus Sperrholz-Platten leicht selbst bauen (s. Abb. S. 48/49).

Tipp: Um die Schnittkanten in der Sitzöffnung vor Verschmutzung zu schützen, setzt man in die Sitzöffnung einen ovalen oder runden Kunststoff-Eimer ein, dessen Seitenwände und Boden man auf ca. 10 cm Höhe abtrennt. Zur Reinigung kann der Einsatz herausgenommen werden. Auch gibt es fertige Einsätze, die der Form der Toilettensitzöffnung angepasst sind (Abb. 4.11).

4.10
Biologische Trockentoilette im Spültoiletten-Design. Diese Alternative für Umsteiger passt sogar ins geflieste Bad (Separett Villa, Schweden).

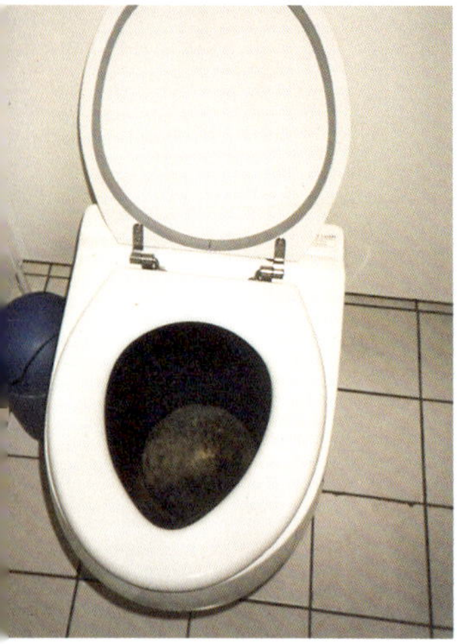

4.11 *(2 Bilder links)*
Trichterförmiger Einsatz, um den Fallrohrdurchmesser kindersicher zu reduzieren. Die dunkle Oberfläche ist leicht sauber zu halten, was sich besonders im öffentlichen Bereich (Berghütten, Kindertagestätten, Gastronomie) positiv auswirkt. Die Reduzierung bewirkt auch, dass das größere Fallrohr weniger verschmutzen kann und nicht gereinigt werden muss.
Zum Reinigen des Einsatzes kann dieser leicht entnommen und außerhalb der Toilette mit heißem Wasser und ggf. Desinfektionsmittel grundgereinigt werden (TerraNova, öffentliche Kompost-Toilettenanlage im Ökohaus Rostock).

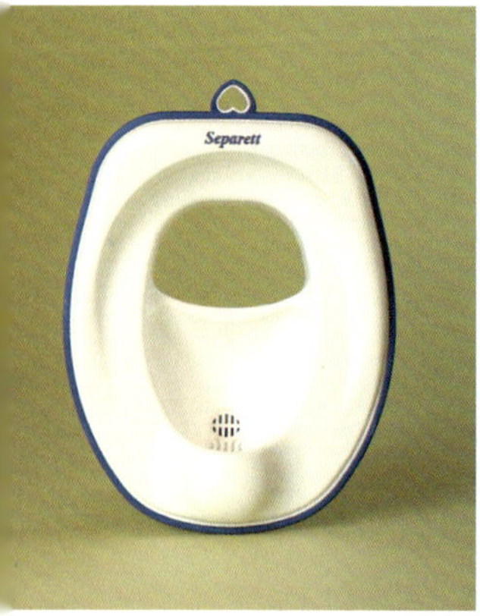

4.12 *links*
Für Kleinkinder sind bei Trenntoiletten Kindersitze notwendig, damit die Trennvorrichtung nicht verschmutzt (Separett, Schweden).

4.13 *unten links*
Statt eine Podestes ist ein der Toilettenform angepasster Sockel unauffälliger und optisch ansprechender. Menschen mit über 1.80 m Körperlänge und Menschen mit Behinderungen benötigen eine Sitzhöhe von 48 - 52 cm. Generell ist dann auch für ältere Benutzer das Aufstehen von der Toilette komfortabler (Berger Biotechnik).

4.14 *unten*
Praktischer Kindersitz im Toilettendeckel, damit der Urinalbereich nicht durch Kot verschmutzt wird (links offen, rechts geschlossen) (Doubletten, Schweden).

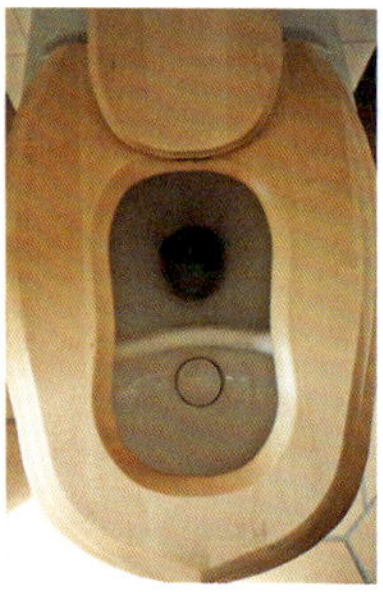

Tipp: Die Fuge zwischen dem unterem Toilettenrand und dem Fußboden sollte bei fest installierten Toiletten mit Silikon abgedichtet werden, damit kein Wischwasser unter das Gehäuse gelangen kann.

Tipp: Um die Sitzhöhe zu erhöhen, stellt man die Toilette auf ein Podest, z.B. aus Sperrholzplatten selbst gebaut. Auch gibt es fertige Sockelerhöhungen, die dem äußeren Design der Toilette angepasst sind (Abb. 4.13).

Tipp: Statt einer Sitzerhöhung kann ein seitlich angebrachter stabiler Haltegriff das Aufstehen von der Toilette erleichtern.

Tipp: Einen Toilettensitz für Kleinkinder kann man selbst herstellen, indem man aus einem Toilettendeckel aus Holz eine kindgerechte Sitzöffnung sauber aussägt und den Ausschnitt als Deckel mit Scharnieren wieder am Toilettendeckel befestigt (Abb. 4.14).

Tipp: Für den Bau einer Hocktoilette ist eine längere Öffnung für den Urin notwendig. Ein Höcker wie bei Kindersitzen als vordere Begrenzung verhindert, dass der Urin über den Rand spritzen kann. Alternativ und etwas umständlicher ist der Gebrauch einer Urinflasche, die es für männliche und weibliche Benutzer unterschiedlich geformt gibt.

Sammelbehälter zur Zwischenlagerung von Fäkalien

Je nach Toilettenart werden Kot, Toilettenpapier, Streumaterial und Urin zur Zwischenlagerung in Behältern gesammelt. Bei größerem Kapazitätsbedarf und um den Leerungszyklus des Sammelbehälters zu erweitern, ist die Abtrennung des Urins durch Trenneinsätze und Urinale eine wirksame und empfehlenswerte Maßnahme. Die tägliche Urinmenge pro Erwachsenen entspricht nämlich dem 5 - 10fachen Volumen des Kotes.

Ist dennoch ein größerer Sammelbehälter notwendig, kann dieser je nach räumlichen Gegebenheiten in einem Halbkeller oder Keller (z.B. am Hang) oder unter einem über Stufen erreichbaren erhöhten Toilettenpodest untergebracht werden (z.B. öffentliche Toiletten auf Rastplätzen und Veranstaltungen). Größere Behälter bedeuten aber auch mehr Gewicht und können dann meistens nur zu zweit transportiert werden oder müssen mit Rädern ausgestattet sein (z.B. Fässer und Tonnen mit Sackkarre, fahrbare Mülltonnen, Schubkarren, fahrbare Müllcontainer, Mulden und BigBags).

Auch größere Behälter können im Wechselbetrieb beschickt werden. Der Vorteil des sogenannten „Batch-Betriebes" besteht darin, dass die Stoffe chargenweise bis zum Abschluss einer Vorkompostierung oder Fermentierung im jeweiligen Behälter bleiben. Auf diese Weise ergibt sich eine bessere Kontroll- und Wartungsmöglichkeit der einzelnen Chargen, gleichzeitig wird eine Kontamination mit frischem Material vermieden.

Folgendes ist zu beachten:

- Der Behälter muss wasserdicht und ausreichend stabil für den Transport zum Kompost sein (Abb. 4.15).
- Der Behälter ist vorzugsweise mit einem praktischen Tragebügel und/oder Griffmulden ausgestattet, damit man ihn bequem entnehmen, transportieren und auf den Kompost leeren kann.
- Das Auffangvolumen sollte 20 l bis max. 30 l Inhalt betragen, was einem Füllgewicht von ca. 15 bis 25 kg entspricht.
- Der Behälter muss luftdicht durch einen Deckel verschließbar sein.

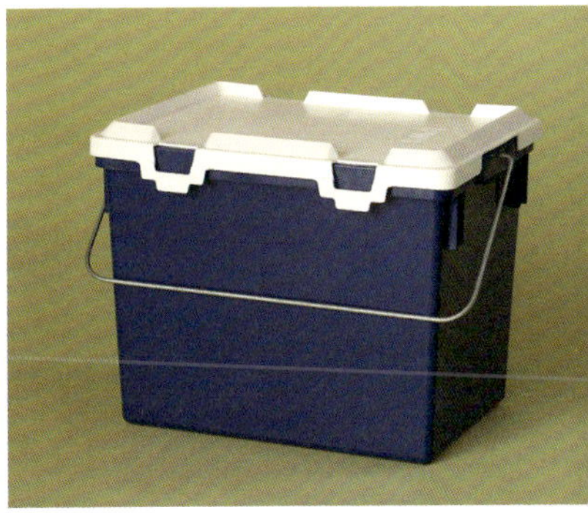

4.15
Stabile Behälter aus PE-Kunststoff mit luftdicht schließendem Deckel gibt es in unterschiedlichen Größen und Formen (Beispiel TOA Luxus-Behälter)

4.16 *oben rechts*
Tragbarer Behälter für Feststoffe mit luftdicht schließendem Deckel. Die Kapazität sollte nicht größer sein als man tragen kann. Kompostierbare Foliensäcke aus Maisstärke vermeiden Verschmutzungen im Behälter. Als Wechselbehälter genutzt, sind sie platzsparend stapelbar (Sep Sammelbehälter).

4.17 *2 Bilder rechts*
Zur Zwischenlagerung von Toilettenabfällen eignen sich auch belüftete Müllbehälter mit Drainageboden, wie sie für die Biotonnensammlung in Gebrauch sind. Für eine vollständige Kompostierung reichen das Volumen des Behälters und die Bedingungen im Behälter nicht aus, d.h. der Inhalt muss anschließend einer Kompostierung zugeführt werden. Alternativ (z.B. bei Festivaltoiletten) können die Behälter in Absprache mit der zuständigen Gemeinde in eine Biogasanlage entsorgt werden, die auch Klärschlamm verarbeitet (Grafik Vera, Norwegen).

4.18
Anschluss der Urinleitung an einen Kanister oder Tank. Der Sammelbehälter wird durch den Unterdruck im Toilettensystem entlüftet. Um Gerüche bei fehlendem Ventilatorbetrieb durch stehenden Urin zu vermindern, hilft die Zugabe von braunem Rohrzucker. Besser ist, den Urinsammelbehälter häufiger zu leeren (Grafik Separett, Schweden).

4.19
Durch eine Sockelerhöhung wird bei dieser Toilette ein ausreichendes Gefälle erreicht, um den Urinbehälter im gleichen Raum lagern zu können. Man hat damit den Füllgrad im Blick und spart sich die Bohrung durch die Wand für den Urinschlauch. Stellt man die Toilette auf ein Podest mit Treppe, ließe sich der Behälter darunter verstauen. (Berger Biotechnik)

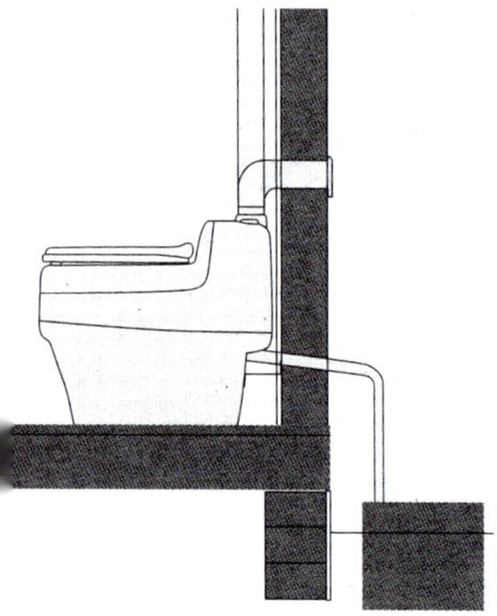

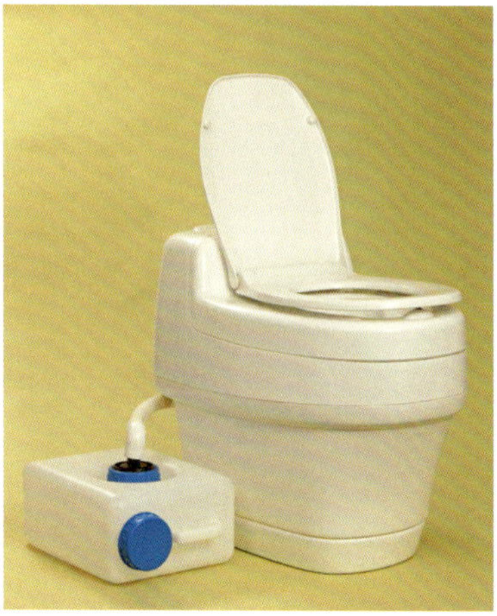

- Sammelbehälter, in denen eine Fermentierung zu Terrapreta-Erde erreicht werden soll (vgl. Kap. 2), müssen luftdicht mehrere Wochen verschlossen bleiben, bis der Fermentierungsprozess abgeschlossen ist.
- Mobile Sammelbehälter mit größerer Kapazität setzen voraus, dass der Weg zum Kompost ohne große Hindernisse befahrbar ist.
- Das Material des Behälters sollte frost- und chemikalienbeständig sein (Polyethylen/PE- oder Polypropylen/PP-Kunststoff, V4A-Edelstahl).
- Wechselbehälter mit Lüftungsöffnungen, die im Freien zwischenlagern, sind vor Niederschlägen zu schützen. Der Standort sollte von Wegen und Aufenthaltsorten ausreichend entfernt sein, um Beeinträchtigungen durch Gerüche für die Umgebung zu vermeiden.

Tipp: Will man kompostierbare oder nichtkompostierbare Beutel in die Behälter einlegen, müssen Umfang und Innenhöhe des Behälters auf die Abmessungen handelsüblicher Beutel abgestimmt sein.

Tipp: Die Behälterhöhe sollte möglichst bis unterhalb der Sitzöffnung im Toilettengehäuse reichen, damit der Urin vollständig im Behälter aufgefangen wird. Alternativ kann man einen Einsatz (s.o.) verwenden.

Tipp: Bei Streutoiletten, die Kot und Urin im gleichen Behälter sammeln, lässt sich die Aufnahmekapazität für Feststoffe im Sammelbehälter erhöhen, indem man das Sickerwasser aus der Drainageschicht durch einen Ablauf mit Gefälle in einen Kanister oder Tank ableitet. Zur Entnahme des Behälters muss jedoch der Ablaufanschluss jedes Mal abgekoppelt werden (Abb. 4.18).

Tipp: Einen einfachen Sammelbehälter mit Fest-Flüssig-Trennung kann man durch zwei ineinander gestapelte Eimer oder Betonwannen herstellen, indem in den Boden des oberen Behälters Löcher zur Drainage gebohrt werden und die Flüssigkeit im unteren Behälter aufgefangen wird.

Tipp: Bei Behältern mit Drainageöffnungen legt man unbeschichtete Wellpappe auf den Behälterboden, damit keine Feststoffe durch die Löcher fallen können.

Tipp: Damit bei der Entnahme und dem Transport des Feststoffbehälters kein Sickerwasser aus den Bodenöffnungen tropft, lagert man ihn, wenn räumlich möglich, bis zur Trocknung im Toilettengehäuse ein und stellt einen leeren Wechselbehälter zur Benutzung bereit (4.17).

Tipp: Um den Luft- und Feuchtigkeitsaustausch im Behälter zu verbessern, eignen sich seitlich perforierte Behälter oder Innenbehälter (Abb. 4.17). Auch perforierte Innenbeutel oder eingehängte feinmaschige Netze aus z.B. Jute vergrößern die Oberfläche zur besseren Sauerstoffversorgung und begünstigen die Trocknung des gesammelten Materials.

Tipp: Der Inhalt von geschlossenen Sammelbehältern sollte für den Transport oder für eine kurze Zwischenlagerung vorher mit Gartenerde, pulverisierter Holzkohle oder Rindenschrot zur Geruchsbindung abgestreut werden.

Tipp: Die Entstehung von Faulgasen kann vermieden werden, wenn der gefüllte Wechselbehälter vor Sonneneinwirkung geschützt steht.

Folienbeutel als Inliner für Fäkalbehälter

Um bei Streu- und Trenntoiletten die Behälterinnenflächen vor Verschmutzung zu schützen und die Toiletteninhalte bequemer entsorgen zu können, sind kompostierbare und nicht kompostierbare Beutel als „Inliner" geeignet. Wie bei Abfallsammlern im Haushalt üblich, werden die Beutel einfach über den Rand des Behälters gestülpt. Die Beutelgrößen sind abhängig von der Höhe und dem Umfang bzw. Durchmesser des Behälters. Handelsübliche 30 l-Beutel passen meistens für Behälterdurchmesser von unter 30 cm, bei einem Durchmesser unter 40 cm sind dies in der Regel 40 - 60 l-Beutel.

Auch für genormte Mülltonnengrößen mit 120 l und 240 l Inhalt gibt es kompostierbare und nicht kompostierbare Beutel. Kompostierbare Beutel werden aus einer PE-Kunststofffolie hergestellt, deren biologischer Zersetzungsprozess durch den Zusatz von Pflanzenölen und Stärke (Mais- oder Kartoffelstärke) beschleunigt wird. Der biologische Abbau der Bio-Kunststoffe im Kompost findet durch die Einwirkung von Bakterien, Wärme und Feuchtigkeit statt. Im Kontakt mit Feuchtigkeit (insbesondere mit Urin) können die Beutel innerhalb weniger Tage undicht werden. Je nach Kompostierungsbedingungen dauert die Zersetzung der Folie 1 - 2 Jahre.

Der Beutel soll unverschlossen und vorzugsweise in das Kompostinnere eingebracht werden. Befinden sich nach einem Jahr noch Folienreste im Kompost, sollten diese aussortiert werden oder der Inhalt ein weiteres Jahr kompostieren. Der Vorteil gegenüber nichtkompostierbaren Beuteln besteht vor allem in der Herstellung der Beutel, die teilweise oder vollständig aus nachwachsenden Rohstoffen produziert werden.

Folgende Punkte sind zu beachten:

- Kompostierbare Beutel sollten als solche mit der Bezeichnung „100% kompostierbar" zertifiziert sein.
- Kompostierbare Beutel sollten für die Eigenkompostierung geeignet sein (Folienstärke < 30 µm).
- Nicht kompostierbare Beutel, die mit dem Toiletteninhalt der Abfallentsorgung zugeführt werden, sollten ausreichend reißfest sein (Folienstärke >70 µm).
- Flüssigkeiten aus Toiletteninhalten müssen für die Abfallentsorgung vollständig gebunden sein (z.B. mit Sägemehl, Pellets oder synthetischen Flüssigkeitsbindern).
- Beutel mit Fäkalien dürfen nicht in die Bio-Abfalltonne entsorgt werden.

Tipp: Damit der Beutel möglichst dicht an der Behälterinnenwand anliegt, zieht man zuerst nur die Hälfte des Beutelrandes über den Behälterrand, drückt dann die Luft über die Beutelinnenfläche aus dem Behälter heraus und stülpt den Rest des Beutels über den übrigen Behälterrand. So vermeidet man eine Luftblase zwischen Behälter und Beutel.

Tipp: Wem die Innenfarbe des Behälters oder des Beutels zu hell ist, kann man vorab z.B. einen schwarzen PE-Beutel in den Behälter einlegen. So bleibt auch der Behälter sauber, falls ein kompostierbarer Beutel undicht werden sollte.

Tipp: Die in Beuteln gesammelten Toiletteninhalte müssen für die Abfallentsorgung möglichst luftdicht verschlossen sein (Kabelbinder, Knoten).

Tipp: Um vorzeitigen Verschleiß von kompostierbaren Beuteln zu vermeiden, empfiehlt es sich, nicht mehr Beutel zu bevorraten als man für ca. 6 Monate benötigt.

Tipp: Bei der Lagerung sollten kompostierbare Beutel vor Wärmeeinwirkung und Luftfeuchtigkeit geschützt sein, indem man sie z.B. in einem luftdichten Verschlussbeutel oder in einer Gefrierdose lagert.

Tipp: Bei längerem Gebrauch kompostierbarer Beutel, z.B. in Trenntoiletten, ist es von Vorteil, vorab ein saugfähiges und kompostierbares Vlies oder eine Zeitung auf den Beutelinnenboden im Sammelbehälter zu legen.

Tipp: Da kompostierbare Beutel nicht wasserdicht sind, sollte man den Beutel zum Leeren immer im Behälter zum Kompost tragen und erst dann den Beutel entnehmen.

Tipp: Nach jedem Einbringen in den Kompost wird als Schutz vor Austrocknung die Oberfläche des Beutels durch eine 2-3 cm dicke Mulchschicht aus Rasenschnitt, Laub oder Erde abgedeckt. Wichtig ist es, den Kompost stets feucht zu halten.

Tipp: Für Sammelbehälter mit Drainageöffnungen im Boden muss man die Folienbeutel auf der Unterseite mit Löchern versehen.

Tipp: Will man auf die Verwendung von Kunststofffolien verzichten, so eignen sich z.B. auch doppellagige Papiertüten oder Zeitungspapier, um den Behälter damit innen auszukleiden.

Sammelbehälter für Urin und Sickerwasser

Urin aus Trenntoiletten und Sickerwasser aus Streutoiletten mit Ablauf müssen in einem wasserdichten Behälter aufgefangen und bis zur Entsorgung zwischengelagert werden. Bei Toiletten mit Ablauf wird die Flüssigkeit direkt oder über einen Schlauch oder ein Rohr in einen Sammelbehälter geleitet (Abb. 4.18). Ist das Gefälle ausreichend (>1%), können Urin oder Sickerwasser auch in einem Flachkanister oder einem stabilen Folienschlauch neben der Toilette gesammelt werden (Abb. 4.19). Größere Kanister oder Tanks werden aus Platzgründen außerhalb bzw. unterhalb des Gebäudes, z.B. in einem kleinen Schacht im Boden, untergebracht, so dass Urin und Sickerwasser über eine Gefälleleitung abfließen können (Abb. 4.20). Will man Urin oder Sickerwasser nicht sammeln, kann die Ablaufleitung auch über einen Geruchsverschluss mit dem Abwassersystem verbunden werden (z.B. Anschluss an den Waschbeckenablauf).

Kanister mit bis zu 25 l Inhalt können noch von Hand transportiert werden (Abb. 4.21). Rollbare Behälter sind komfortabler und für ein Volumen von 25 bis 70 l erhältlich (Abb. 4.22 u. 4.23), aber auf barrierefreie Einsatzorte beschränkt. Fallen Urin oder Sickerwasser in größeren Mengen an oder soll die Flüssigkeit für längere Zeit zwischengelagert werden, so sind stationäre Tanks sinnvoll. Für eine frostfreie und platzsparende Lagerung eignen sich bei ganzjähriger Nutzung vor allem Erdtanks, die als Abwassersammelgruben mit Prüfzeichen angeboten werden. Oberirdische Sammelbehälter und Tonnen, wie z.B. IBC-Tanks oder Regenwasserspeicher, können verwendet werden, wenn ein ausreichendes Gefälle zwischen dem Ablauf der Toilette und dem Tank gegeben ist (Abb. 4.24).

Urinbehälter oder Tanks werden meist mit handbetriebenen oder elektrischen Kanister- oder Fasspumpen sowie Abwasserpumpen geleert. Nach dem Pumpvorgang müssen die Pumpen mit klarem Wasser gespült werden, um Verkrustungen durch Urinstein zu vermeiden.

Wenn ein Wasseranschluss mit mindestens 2,5 bar Wasserdruck und Schlauchkupplung vorhanden ist, können auch sogenannte Ejektortanks (Abb. 4.25) eingesetzt werden. Sie funktionieren nach dem Prinzip der Wasserstrahlpumpe. Das Ejektorteil (Wasserstrahlpumpe) besteht aus einem im Querschnitt sich verengendem T-Stück (Venturi-Düse) mit einem An-

4.20
Ein einfacher Schacht aus Multiplex-Platten kann bei tiefer stehenden Kanistern drückendes Erdreich fernhalten. Empfehlenswert ist ausreichender Platz für einen 2. Kanister, um einen gefüllten Kanister schnell auswechseln zu können. So ein Schacht lässt sich auch leicht aus hochgestellten Gehwegplatten bauen.

4.21
25 l-Kanister für die Sammlung und den Transport von Urin. Das milchige Polyethylen-Material lässt den Flüssigkeitsstand erkennen (mehrere Hersteller).

schluss für ein senkrecht nach unten verlaufendes Schlauch- oder Rohrstück im Urinsammelbehälter, einem waagerechten Wasserzulauf und einem gegenüberliegendem Auslass mit Schlauchanschluss (Abb. 4.25 und 4.26).

Mit dem Öffnen der Wasserversorgung wird der Urin im Behälter durch den entstehenden Unterdruck leergesaugt und vermischt sich dabei im Schlauch mit dem zugeführten Wasser. Kalkhaltiges Wasser in Verbindung mit Urin verstärkt Kalkausfällungen, so dass kalkfreies Regenwasser, wenn ein ausreichender Druck hergestellt werden kann, zu bevorzugen ist.

Der Vorteil des Ejektortanks besteht in der selbsttätigen Vermischung von Urin und Wasser in einem für die Düngung von z.B. Rasenflächen günstigen Verhältnis von ca. 1:8. Das Urin-Wasser-Gemisch verteilt man während der Vegetationsperiode gleichmäßig mit einem Schlauch auf die zu düngenden Flächen. Fertige Ventile nach dem Ejektorprinzip gibt es für Kanister und kleinere Tanks mit 50 l Inhalt.

Folgende Aspekte sind zu beachten:

- Der Behälter wie auch alle flüssigkeitsführenden Leitungen (Schlauch oder Rohr) sollten aus PE- oder PP-Kunststoffen bestehen, die chemikalienbeständig und leicht recycelbar sind.
- Eine der Behälteröffnungen sollte groß genug sein, um eine gelegentliche Reinigung mit einem Hochdruckreiniger zu ermöglichen.
- Kanisteröffnungen sollten mit einem genormten Schraubgewinde ausgestattet sein, so dass passende Adapter mit Ausgießer oder Schlauchanschluss ergänzt werden können.
- Vor Frosteintritt (Urin friert bei -5°C) muss der Behälter geleert werden, sofern dieser nicht frostfrei (im Erdreich) eingebaut ist.
- Um den Füllstand im Behälter einfach kontrollieren zu können, sollte das Behältermaterial möglichst transparent sein. Andernfalls hilft ein Füllstandsanzeiger (z.B. Schwimmer mit Peilstab).
- Das Volumen des Behälters sollte so gewählt werden, dass die Flüssigkeiten bei

4.22
Fahrbarer Abwassertank (60 l) zur Entsorgung in eine Abkippstation oder in eine Kläranlage.

4.23
Ein Urintrolley erleichtert den Weg z.B. zur Abkippstation, wenn eine Urindüngung nicht vorgesehen oder möglich ist (mehrere Hersteller).

4.24 *unten links*
Genormte, auf Palette transportierbare IBC-Behälter sind ideal zum Sammeln von Urin. Serienmäßig sind die Behälter mit einer Befüllöffnung auf der Oberseite und einer unteren Auslauföffnung ausgestattet (mehrere Hersteller).

4.25 *unten Mitte und rechts*
Fallen größere Mengen Urin an, kann ein Ejektortank den Aufwand verringern, den Urin im geeigneten Verhältnis mit Wasser zu vermischen. Bei Anschluss an eine Wasserleitung wird Urin aus dem Behälter angesaugt und mit dem Wassergemisch abgeleitet. Ein offener Auslass am Schlauch verhindert einen Rückstau zum Wasseranschluss. Ein einfacher Füllstandsanzeiger zeigt an, wann es Zeit ist, den Rasen zu düngen. Der Behälter kann in den Boden eingelassen werden (Separett, Schweden).

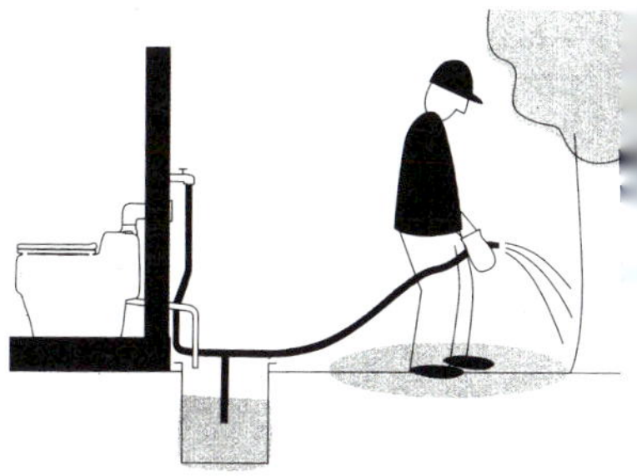

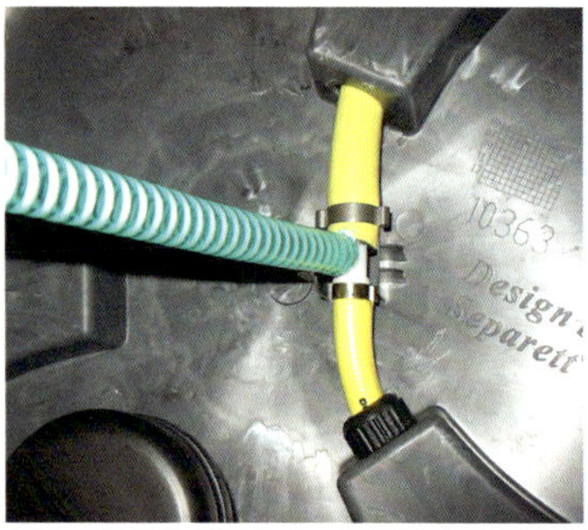

4.26
Links: Das Ejektor-Prinzip kann mit einem T-Stück, das im Querschnitt verengt ist, auch selbst gebaut werden. Für das Steigrohr im Behälter reicht ein stabilisierter Schlauch. Alle Anschlüsse können mit einem Schlauch-Stecksystem ausgeführt werden. Eine regelbare oder gar verschließbare Düse am Auslass ist jedoch nicht zulässig. (Separett, Schweden)

Rechts: Ein käuflicher Ejektorfitting passt auf die genormten Schrauböffnungen der meisten Kanister. Bei Anschluss an eine Wasserleitung wird durch den Wasserdruck Urin in einem günstigen Verhältnis mit Wasser vermischt, um z.B. Rasenflächen zu düngen (Separera, Schweden).

Stoßbelastungen (z.B. bei Feiern) oder während der Vegetationsruhe vollständig aufgefangen und zwischengelagert werden können.

- Der Kanister oder Tank steht als zusätzliche Sicherheit vor Leckagen am besten in einer dichten Wanne, z.B. aus Kunststoff.
- Das Schlauchende hinter dem Ejektorventil muss offen bleiben, um einen Rückstau zum Trinkwasseranschluss sicher zu verhindern. Andernfalls muss ein Rückschlagventil zwischengeschaltet werden.

Tipp: Soll der Urinbehälter in einem Erdschacht untergebracht werden, empfiehlt es sich, diesen mit hochkant gestellten Gehwegplatten gegen drückendes Erdreich zu schützen. Eindringendes Regenwasser kann durch eine Lage Grobkies unterhalb des Kanisters im Boden versickern. Um auch den Schacht nach oben begehbar abzudecken, eignen sich Gehwegplatten oder ggf. auch wasserfeste Sperrholzplatten.

Tipp: Um ein Einfrieren bei Minusgraden zu verhindern, sollten Sammelbehälter und Leitung wärmegedämmt sein. In schwierigen baulichen Situationen, bei denen trotz Wärmeschutz ein Einfrieren nicht auszuschließen ist, können Leitung und Behälter mit einem elektrischen Heizband versehen werden, wie es im Sanitärbereich für Rohrleitungen angeboten wird.

Tipp: Der Füllstand lässt sich bei Kanistern auch über das Gewicht mit einer Personen- oder Federwaage kontrollieren. Das spezifische Gewicht von Urin ist ähnlich dem von Wasser (1 l Urin = ca. 1 kg).

Tipp: Zur Erweiterung der Kapazität können Kanister oder Tanks durch Verbindungssets an weitere Behälter angekoppelt werden.

Tipp: Der Urinschlauch sollte einen Mindestdurchmesser von 1" (= 25 mm) haben und knick- und verdrehungsfest sein.

Tipp: Um auch bei größeren Entfernungen ein gleichmäßiges Gefälle zum Urinbehälter herzustellen, sind HT-Kunststoffrohre besser geeignet als Schläuche.

Tipp: Vor dem Leeren eines Urinbehälters empfiehlt es sich, den Inhalt durch Schütteln zu mischen, um am Boden abgesetzte Stoffe mit zu entleeren.

Urintrennvorrichtung

Urintrennvorrichtungen an Sitztoiletten funktionieren nur dann richtig, wenn man die Toilette ausnahmslos im Sitzen benutzt. Außerdem erfordern Trennvorrichtungen einen höheren Reinigungsaufwand, insbesondere, wenn die Benutzer in öffentlich zugänglichen Toiletten aus hygienischen Bedenken eine Hockhaltung einnehmen und die saubere Trennung von Urin und Kot nicht mehr gewährleistet ist. Für die Funktion der Trenntoilette ist obendrein entscheidend, dass das Toilettenpapier immer in die hintere Öffnung für Feststoffe abgeworfen wird, damit der Urinablauf nicht verstopft (Abb. 4.27 bis 4.30).

Trennvorrichtungen werden als fertige Einheit zusammen mit einem Toilettengehäuse angeboten, sie können aber auch als separater Einsatz erworben werden, um z.B. ein bestehendes Toilettengehäuse nachzurüsten oder eine Trenntoilette selbst zu bauen. Die verschiedenen Ausführungen sind auf die durchschnittlichen weiblichen und männlichen Körpermaße für Erwachsene bei Sitzhaltung abgestimmt. Damit wird weitgehend verhindert, dass Kot in den Urintrennbe-

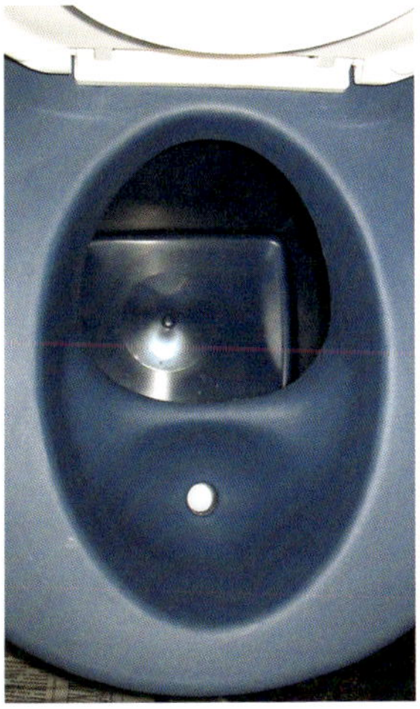

reich bzw. Urin in den Auffangbehälter für Feststoffe gelangt. Da die Abstände zwischen der Harnöffnung und der Darmöffnung bei männlichen und weiblichen Benutzern unterschiedlich groß sind und diese auch wiederum von der Körpergröße abhängen, gibt es keine Vorrichtung, die für alle gleichermaßen gut passt. Bei den meisten Fertigprodukten nimmt die Urintrennung etwa die Hälfte der Tiefe in der Sitzöffnung (ca. 15 cm) ein (Abb. 4.29). Für weibliche Benutzer ist eine bis ca. 20 cm tiefe Urintrennvorrichtung meist vorteilhafter. Daher liefern einige Hersteller passende Erweiterungsteile, die allerdings die Öffnung für Feststoffe verkürzen (Abb. 4.30). Für Kleinkinder gibt es spezielle Kindersitze, bei denen der Trennbereich entsprechend kleiner ausgelegt ist.

Folgende Aspekte spielen bei der Auswahl eine Rolle:

- Die Oberfläche der Trennvorrichtung sollte idealerweise aus einem Material mit glatter, strapazierbarer Oberfläche wie Keramik oder Edelstahl bestehen, um die Sitzöffnung leicht reinigen zu können.
- Trennvorrichtungen aus Kunststoff sollten auswechselbar sein, um sie gelegentlich erneuern zu können.
- Die Öffnung bzw. der Öffnungsumfang des Trenneinsatzes muss größer als die Toilettensitzöffnung sein. Sie

4.27 *oben links*
Die Urintrennung kann den Reinigungsaufwand erhöhen. Eine Sprühflasche mit Essig- oder Zitronensäure leistet hierbei gute Dienste.

4.28
Trenntoilette mit ca. 1/3 der Tiefe zur Urintrennung verhindert weitgehend die Verschmutzung im Urinalbereich durch Fäzes, befeuchtet aber auch die Feststoffe mit Urin.

4.29
Bei biologischen Trockentoiletten mit Urintrennung sollte, wie bei Streutoiletten auch, das Toilettenpapier mit einer Schicht Rinde, Hobelspäne, Erde oder mit einem Papierhandtuch abgedeckt werden.

4.30 *oben rechts*
Trenntoilette mit variablem Erweiterungsteil für die Urintrennung.

4.31 *unten links*
Trenneinsatz mit Erweiterungsteil und Toilettensitz für den Selbstbau (Separett, Schweden).

4.32 *unten rechts*
Der Einsatz wird am besten auf einer Platte als oberer Abschluss des Toilettengehäuses befestigt. Versehen mit einem Schlauchanschluss, der zu einem Kanister führt, einem Feststoffbehälter und einem Abluftrohr kann so eine Trenntoilette leicht selbst gebaut werden (Separett, Schweden).

werden deshalb häufig in passender Kombination mit einem Toilettensitz angeboten (Abb. 4.31 u. 4.32).

- Der Anschluss des Urinablaufs an den Schlauch oder das Rohr sollte zu Reinigungszwecken einfach abzukoppeln sein und für Reinigungszwecke zugänglich bleiben.

Tipp: Eine Trennvorrichtung bleibt sauberer, wenn der Urintrennbereich eine kürzere Tiefe zugunsten der Öffnung für Feststoffe hat (ca. d = 20 cm). Der anfallende Urin im Feststoffbehälter muss dann durch eine Drainageschicht aus Zeitungspapier, Rindenschrot oder Pellets aufgesogen oder durch einen Ablauf abgeführt und gesammelt werden (Abb. 4.33).

Tipp: Zur gelegentlichen Reinigung des Urinablaufs eignet sich eine ausgediente weiche Zahnbürste mit Essigreiniger. Zur Entkalkung werden auch spezielle Reinigungstabs angeboten.

Tipp: Für den Selbstbau einer Toilette kann ein Trenneinsatz einzeln zugekauft werden. Wer ihn selbst hergestellen will, kann Kanister, Flaschen oder Trichter aus Kunststoff in Form eines Urinals so zuschneiden, dass er mit der Anschlussöffnung nach unten unter dem Toilettensitz montiert werden kann.

Tipp: Wenn es der verfügbare Platz zulässt, kann man anstelle einer Urintrennvorrichtung eine zweite Trockentoilette z.B. mit Einstreu als Sitzurinal aufstellen. Diese ist für männliche wie für weibliche Benutzer (und Kinder mit Kindersitz) gleichermaßen verwendbar.

Sichtblende

Um unangenehme Einblicke in den Sammelbehälter zu vermeiden, sollten die Exkremente nach jedem Stuhlgang mit einer Schicht aus z.B. Erde, Hobelspäne, Papiertüchern oder Rindenschrot abgedeckt werden. Besonders komfortable Toiletten sind mit einer mechanischen Sichtblende ausgestattet, die sich z.B. bei Belastung der Sitzbrille mittels Kraftübertragung (Seilzug, Scherengelenk) automatisch öffnet und sich beim Aufstehen des Benutzers wieder schließt (Abb. 4.34 u. 4.35).

Um eine Verschmutzung der Sichtblende zu verhindern, ist es allerdings Voraussetzung, dass sich männliche wie weibliche Benutzer auf die Toilettenbrille setzen. Besser geeignet sind daher Sichtblenden, die keinen Kontakt mit der Sitzbrille erfordern, sondern z.B. durch einen Handhebel oder ein Fußpedal zu bedienen sind. Bei z.B. einer von Hand über einen Hebel zu bedienenden Blende wird diese vor dem Stuhlgang seitlich oder nach hinten verschoben (Abb. 4.36).

Bei Drehkippmulden gibt man vor der Benutzung Toilettenpapier ein, um Verschmutzungen und aufwändiges Reinigen zu vermeiden. Ein Vorteil der Sichtblenden ist die physische und psychische Sicherheit für Kinder und ängstliche Erwachsene vor dem „dunklen Loch". Es ergeben sich jedoch zusätzlich zu reinigende Flächen, außerdem steigt die Möglichkeit für Fehlbenutzungen und Defekte.

Bei Toiletten mit Fallrohranschluss an einen Behälter haben sich trichterförmige Einsätze in dunkler Farbe als praktischer Kompromiss bewährt, die den Querschnitt der Fallrohröffnung auf ca. 20 cm

4.33
Einsatz zur teilweisen Urintrennung. Für den Kompostierungsprozess ist es vorteilhaft, wenn ein Übermaß an Flüssigkeit und Nährstoffen nicht durch zusätzlichen Einstreu kompensiert werden muss, Der Urin wird hier über einen Schlauch oder eine Rohrleitung separat abgeführt (Berger Biotechnik).

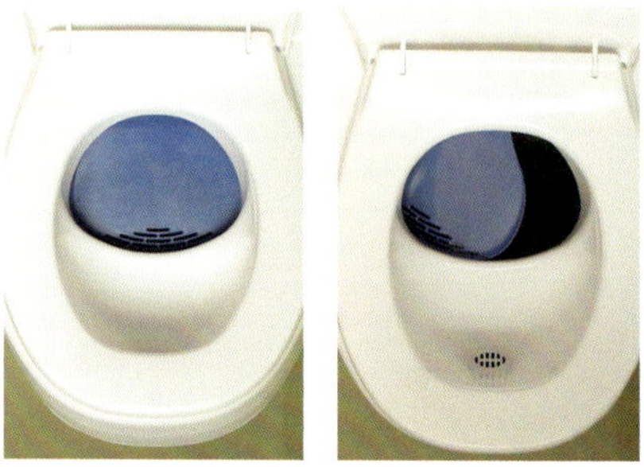

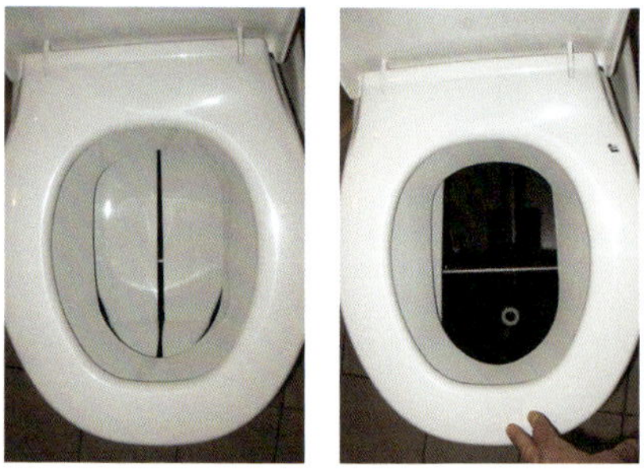

4.34 *linke Spalte*
Nichts für Stehpinkler – der Sichtverschluss öffnet sich erst, wenn man sich auf die Sitzbrille setzt (Separett Villa, Schweden). Per Seilzug bewegt sich der Sichtverschluss zur Seite (rechtes Bild) und schließt wieder, wenn die Sitzbrille entlastet wird.

4.35 *rechte Spalte*
Links: Zweiteiliger Sichtverschluss, dessen Hälften per Scherengelenk zur Seite klappen. Rechts: Auslöser für das Öffnen und Schließen des Sichtverschlusses ist die Be- und Entlastung der Toilettenbrille (Separera, Schweden).

reduzieren und damit die Einsicht auf die Stoffe im Behälter einschränken. Ab einer Tiefe von ca. 1 m zwischen Toilettenöffnung und Fäkalienoberfläche ist der Einblick durch die Dunkelheit im Behälter erschwert. Lichtquellen sollten daher nicht direkt über der Toilettenöffnung positioniert sein.

Folgendes ist zu beachten:

- Eine Sichtblende muss auch für Kinder und Gäste einfach zu benutzen sein.
- Die Sichtblende muss mit einfachen Mitteln sauber zu halten sein.
- Die Sichtblende sollte einzeln nachzukaufen und einfach auszutauschen sein.

Tipp: Bei Toiletten ohne Sichtblende sollte der Behälterinhalt nach jedem Stuhlgang mit Streumaterial als Sichtschutz abgedeckt werden.

Tipp: Ist kein Platz für Einstreu vorhanden, kann der Behälterinhalt nach dem Stuhlgang auch mit einem Papierhandtuch abgedeckt werden.

Tipp: Bei Toiletten mit Sichtblende ist das Bedecken des Behälterinhalts mit Streumaterial nicht nötig. Dennoch sollte bei Bedarf etwas Sand oder Erde eingestreut werden, um das Toilettenpapier zu beschweren. Es könnte sonst die Funktion der Sichtblende beeinträchtigen.

Verteil- und Mischvorrichtungen

Naturgemäß bildet sich unterhalb der Sitzöffnung im Sammelbehälter nach jedem Stuhlgang ein Kegel aus Toilettenpapier und Kot, der mit jeder weiteren Benutzung ansteigt. Um diesen zu beseitigen, kann die mit Einstreu bedeckte Masse einfach mit einer kleinen Schaufel im Sammelbehälter eingeebnet werden. Die Abdeckung der Feststoffe mit Einstreu verhindert dabei, dass die Schaufel verschmutzt.

Da dieses Vorgehen nicht für jeden Benutzer akzeptabel ist, gibt es auch hierfür einfache bis aufwändige mechanische Lösungen. So lässt sich z.B. bei einem Toilettenmodell der Kegel mit einem drehbar montierten waagerechten Verteilerarm, der über einen Griff außerhalb des Toilettengehäuses betätigt wird, im Behälter verteilen. Der Sammelbehälter kann auch z.B. auf einem Drehteller stehen, der mit einem umlaufenden Zahnkranz ausgestattet ist. Durch ein- bis mehrmaliges Auf- und Abwärtsbewegen eines Hebels mit Übertragung auf den Zahnkranz wird der Behälter nach jeder Benutzung einige Zentimeter weiter gedreht. Der Behälter ist dabei so zur Toilettensitzöffnung angeordnet, dass die Feststoffe in dessen Randbereich fallen. Die Drehbewegung kann auch automatisch erfolgen, indem über den Mechanismus für das Öffnen und Schließen des Sichtverschlusses gleichzeitig mittels Seilzug eine Drehbewegung auf den Drehteller übertragen wird (Abb. 4.37).

Des Weiteren gibt es Verteilvorrichtungen mit vertikaler oder horizontaler Achse, die von außen mit einem Griff oder Hebel per Hand oder Fuß bedient werden. Dadurch kann gleichzeitig das Material durchmischt, die Oberfläche mit Sauerstoff versorgt und Feuchtigkeit besser ausgetragen werden. Rühr- und Mischvorrichtungen sind besonders bei To-

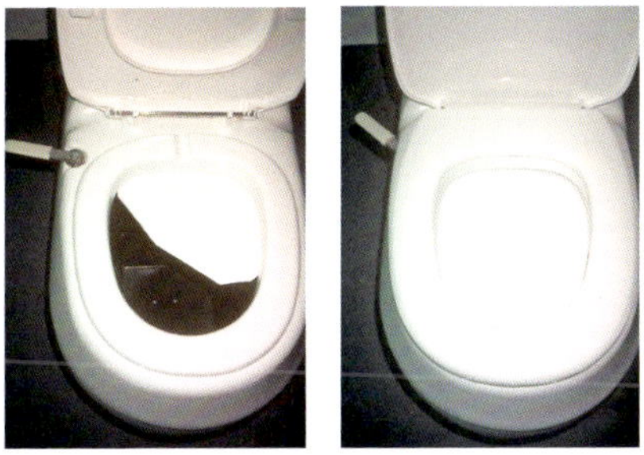

4.36
Sichtverschluss, von Hand zu bedienen (links halboffen, rechts geschlossen). So wird der Einblick auf den Toiletteninhalt vermieden. Der Mechanismus ist für Besucher aber erklärungsbedürftig (Vera, Norwegen).

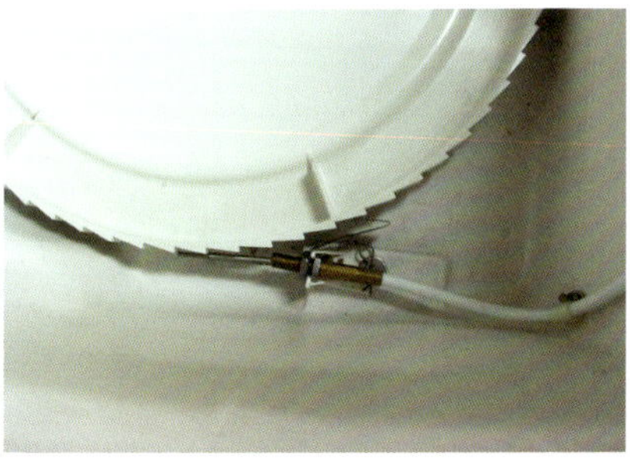

4.37
Einfach und wirkungsvoll ist diese Vorrichtung mit Seilzug und Feder, bei der sich der Drehteller für den Auffangbehälter bei jeder Auf- und Abbewegung weiterbewegt. Ist der Behälter außermittig angeordnet, verteilen sich die Feststoffe gleichmäßig, ohne dass sich ein Kegel bildet. Für diejenigen Benutzer, die den Spülknopf vermissen, gibt es nach der Toilettenbenutzung noch einen Hebel zu betätigen (Separett, Schweden).

4.38
Das Rührwerk mit Verteilerarm wird durch einen Sichtverschluss verdeckt. Bei regelmäßiger Bewegung der Drehachse nach jeder Benutzung wird das Material gelokkert und fällt durch ein Siebgitter in eine herausnehmbare Schublade (Biolet, Schweden).

iletten vorteilhaft, die den Urin mit Hilfe von Wärmezufuhr verdunsten (Abb. 4.38). Nachteilig ist der höhere konstruktive Aufwand, da bei dem Mischvorgang Kräfte auf Rührwerk, Behälter und Aufhängung wirken, die von der Konstruktion beherrscht werden müssen. Bei Toiletten mit motorbetriebenem Rührwerk hat sich in der Praxis gezeigt, dass sie aufgrund der oft sehr unterschiedlichen Konsistenz der Feststoffe mehr Kontrolle und Wartung benötigen.

Mischvorrichtungen sollten folgende Anforderungen erfüllen:

- Verteil- und Mischvorrichtungen müssen leicht zu bedienen sein. Der Kraftaufwand für die Betätigung des Rührwerkes muss auch von Kindern geleistet werden können.
- Alle mechanischen Teile sollten aus säure- und rostbeständigem Material bestehen.
- Im Falle eines Defektes muss die Mechanik leicht zu reparieren bzw. auszutauschen sein.
- Versehentlich eingebrachte sperrige Gegenstände und verklumptes Toilettenpapier dürfen den Mischvorgang nicht behindern.

Tipp: Um den Kegel zu verteilen, lässt sich ein runder Sammelbehälter z.B. von Hand alle paar Tage ein Stück weiter um die eigene Achse drehen.

Tipp: Häufigeres Leeren des Sammelbehälters hilft, eine störende Haufenbildung zu vermeiden.

Tipp: Bei größeren Behältern, wie sie in Kompost-Toilettenanlagen eingesetzt werden, lockert und verteilt man das Material mit einem Belüftungsstab, der im Behälter deponiert wird.

Tipp: Die Toilette wird über ein Fallrohr an einen drehbaren Kompostbehälter angeschlossen. Von Zeit zu Zeit wird der Komposter vom Fallrohr abgekoppelt und verschlossen und um die horizontale oder vertikale Achse gedreht. Dabei werden die Fäkalien und das Toilettenpapier gleichzeitig mit vorgerottetem Material vermischt.

Lüftung mit Rohranschluss

Einfache Streutoiletten können ohne Entlüftung betrieben werden, wenn bei oder nach der Benutzung durch Öffnen eines Fensters gelüftet werden kann und die Toilette nur für wenige Tage (z. B. Wochenende) benutzt wird. Biologische Trockentoiletten und Kompost-Toilettenanlagen, die regelmäßig und über einen längeren Zeitraum benutzt werden, benötigen einen Geruchsverschluss durch Unterdruck, der auf unterschiedliche Weise erzeugt werden kann (Abb. 4.39).

Eine Entlüftung über Dach mittels Entlüftungskanal trägt auch zu einem verbesserten Luftaustausch in der Laube oder Hütte bei, selbst wenn die Toilette nicht benutzt wird und alle Fenster verschlossen sind. Die ständige geringfügige Luftzirkulation (Auftriebslüftung) reduziert die Raumluftfeuchte, beugt der Bildung von Schimmel und Nässe vor und verhindert so den oft typischen muffigen Geruch. Voraussetzung ist, dass das Gebäude und der Toilettenraum Zuluftöffnungen haben und ein Luftaustausch zwischen den einzelnen Räumen stattfinden

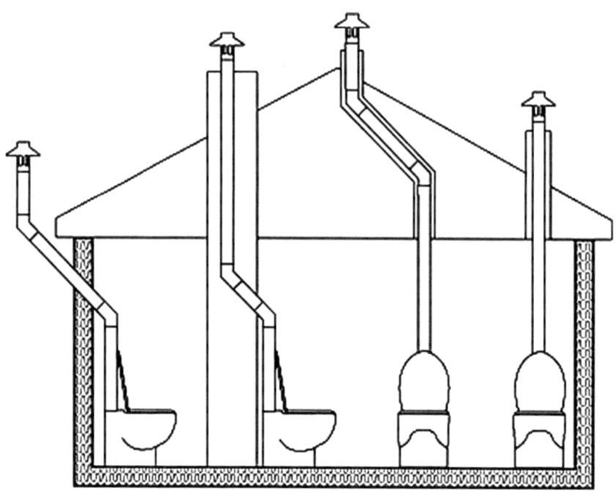

4.39
Varianten für die Installation des Abluftrohres. Bei ganzjährig genutzten Toiletten sollte das Abluftrohr in unbeheizten Bereichen wärmegedämmt sein, damit sich kein Kondensat bildet.
Zeichnung: Ph. Holzhausen

kann (Luftspalt unter der Tür, Lüftungsgitter in der Tür, Undichtigkeit des Raumes).

Auftriebslüftung

Wärmere Raumluft aus der Toilette steigt durch thermischen Auftrieb im Entlüftungsrohr nach oben und sorgt für einen Geruchsverschluss (Abb. 4.40 u. 4.41). Diese Auftriebslüftung wird nicht nur durch das Temperaturgefälle zwischen Raum- und Außenluft angetrieben, sondern auch durch den Unterdruck, den der über das Rohrende streichende Wind erzeugt. Damit ist sie jedoch von Wetterlagen und individuellen Standortbedingungen (Anströmung durch die örtlichen Winde etc.) abhängig. Um optimale Bedingungen für die Auftriebsentlüftung einer Toilette mit Abluftrohr zu erreichen, ist es vorteilhaft, wenn der Toilettenraum an der kühleren Nordseite des Gebäudes liegt.

Folgende Details sind zu beachten:

- Das Entlüftungsrohr sollte bei biologischen Trockentoiletten einen Innendurchmesser von 70 oder 100 mm haben, bei den größeren Kompost-Toilettenanlagen einen Innendurchmesser von 100 oder 150 mm.
- Das Abluftrohr sollte gut im Wind stehen, d.h. vom Wind angeströmt werden.
- Das Rohrende ist gegen Niederschläge und drückenden Wind durch eine Kappe oder Haube zu schützen, ohne dass dieser Schutz den freien Rohrquerschnitt zur Auftriebslüftung spürbar einengt.
- Richtungsänderungen im Entlüftungskanal erzeugen zusätzliche Strömungswiderstände und sollten möglichst vermieden werden.
- Der Standort der Toilette sollte sich, wenn möglich, danach richten, an welcher Stelle am einfachsten und am wenigsten störend ein Abluftrohr durch das Dach oder durch die Wand nach außen geführt werden kann.

Tipp: Das Entlüftungsrohr sollte auf der zur Hauptwindrichtung abgewandten Seite des Daches (Lee) mindestens 0,7 – 1 m über der Dachfläche enden, um drückende Winde zu vermeiden.

Tipp: Sind Richtungsänderungen bei der Verlegung des Abluftrohres nicht zu vermeiden, sollten diese aus 2 x 45°-Bögen anstelle von einem 90°-Bogen hergestellt werden. Der Wanddurchgang zeigt dadurch einen elliptischen Querschnitt.

Tipp: Lüftungstechnisch günstig sind sogenannte Meidingerscheiben als Schutz vor Niederschlägen. Sie bestehen aus einer waagerechten kreisrunden Abdeckung, die mit Abstandshaltern (ca. $^2/_3$ des Rohrdurchmessers) über der Mündung des Abluftrohres gehalten wird.

Tipp: Es empfiehlt sich, die offene Fläche zwischen Rohrmündung und Regenschutzabdeckung mit einem grobmaschigen Gitter (geschweißter Karnickeldraht, Maschengröße <10 mm) zu versehen, um nistende Vögel vom Abluftrohr fernzuhalten.

Tipp: Der Einbau von Fliegengaze oder sehr feinmaschigen Gittern ist erfahrungsgemäß bei Streutoiletten nicht erforderlich und auch nicht angebracht. Dadurch würden nur zusätzliche Widerstände im Lüftungssystem entstehen und eine regelmäßige Reinigung erfordern (ca. alle 1-2 Monate).

Tipp: Je höher das Abluftrohr über Dach geführt wird, umso stärker ist der Auftrieb. Ideal ist die Mündung des Abluftrohres in der Nähe des Firstes, so dass das Rohrende den First um ca. 40 cm überragt.

Tipp: Um den Auftrieb zu verstärken, kann ein größerer Rohrdurchmesser im Abluftrohr helfen und/oder eine schwarze Rohraußenfläche, die das Abluftrohr zusätzlich erwärmt und den Luftdurchsatz beschleunigt.

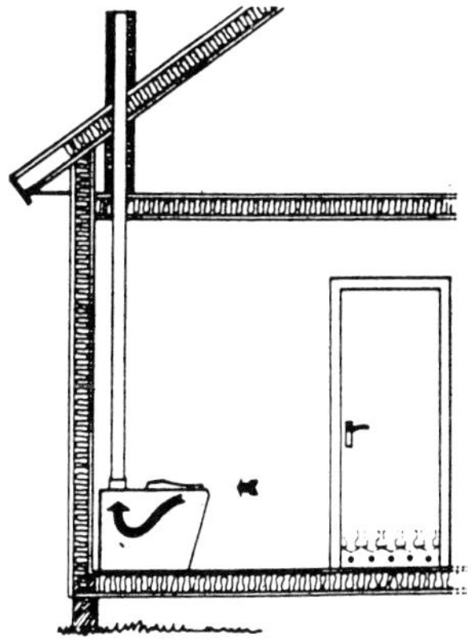

4.40
Geruchsverschluss wie beim Kamin: Ein Rohr über Dach und nachströmende Luft verhindern Gerüche im Toilettenraum.

4.41
Eine funktionierende Auftriebslüftung ist nur möglich, wenn die Widerstände im Abluftrohr gering sind. Alternativ zur senkrechten Rohrführung durch das Dach hat sich der Rohrdurchgang durch die Außenwand mit 45°-Bögen bewährt.

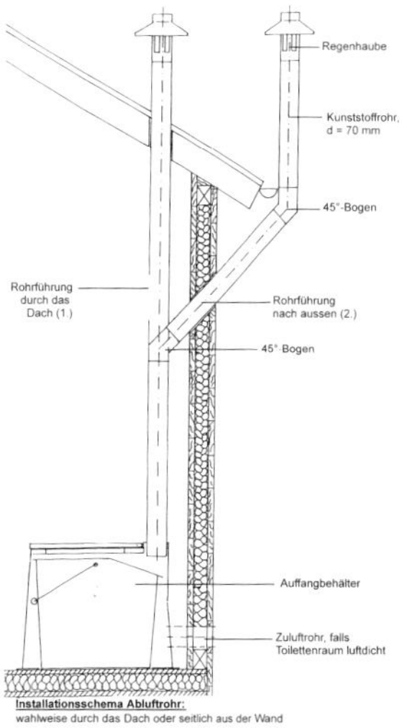

4.42
Ein windbetriebener Sogverstärker nach dem Savonius-Prinzip eignet sich überall dort, wo mit ständigem Wind gerechnet werden kann. Der obere Teil des Drehkörpers dient als Windwiderstand. Durch die bei Wind erzeugte Drehbewegung entsteht ein zusätzlicher Sog im Rohr, wobei die abgesaugte Luft aus den unteren Öffnungen des Drehkörpers austritt. Der Aufsatz bietet gleichzeitig Schutz vor Regen (Berger Biotechnik).

4.43
Bei der Windturbine kann der Luftstrom weitgehend ungehindert nach oben entweichen, ist dafür aber als Schutz vor Regen nicht so wirksam wie eine Regenhaube oder ein Savoniuslüfter. Bei guter Lagerung erzeugt der Sogverstärker ab 1 m/s Windgeschwindigkeit einen zusätzlichen Unterdruck.

Windbetriebene Ventilatoren

Windbetriebene rotierende Aufsätze, auch Sogverstärker genannt, gibt es in unterschiedlichen Bauarten wie z.B. Savonius-Lüfter und Windturbinen (Abb. 4.42 u. 4.43). Durch den Aufsatz eines windbetriebenen Ventilators am oberen Rohrende der Abluftleitung lässt sich die Luftbewegung im Rohr beschleunigen, so dass der Unterdruck bei Windexposition verstärkt wird. Um eine gute Sogwirkung zu erreichen, sollte der Luftaustritt auf der zur Hauptwindrichtung abgewandten Seite liegen oder den First überragen (Abb. 4.44).

Bereits bei 1 m/s Windgeschwindigkeit können Sogverstärker die Sogwirkung des Windes verbessern, besonders, wenn der Drehkörper leichtgängig und gut gelagert ist. Sogverstärker können auch mit einer Zwangsentlüftung des Gebäudes kombiniert werden, um bei windreichen Wetterlagen die elektrische Energie für einen elektrisch betriebenen Ventilator einzusparen.

Auch die Kombination mit einem solarbetriebenen Ventilator kann sinnvoll sein, da mit abnehmender Sonneneinstrahlung oftmals eine steigende Windgeschwindigkeit einhergeht und somit auf eine Speicherung von elektrischer Energie verzichtet werden kann. Die Kombination von windbetriebenem Sogverstärker und elektrisch betriebenem Ventilator hebt sich in ihrer Wirkung nicht auf. In beiden Fällen muss jedoch der zusätzliche Strömungswiderstand bei der Dimensionierung der Lüftungskanäle berücksichtigt werden, wenn die reine Auftriebslüftung, also ohne Sonnen- oder Windverstärkung, noch funktionieren soll.

Folgende Einbauhinweise sind zu beachten:

- Der Ventilator sollte so eingebaut werden, dass die Achse genau senkrecht steht, um Lagerschäden zu vermeiden.
- Die Rohrachse sollte doppelt kugelgelagert und gegen eindringende Feuchtigkeit gekapselt sein.
- Der Ventilator muss mechanisch fest mit dem Entlüftungsrohr verbunden werden, um auch starken Windböen zu widerstehen. Ebenso ist das Entlüftungsrohr dauerhaft fest am Gebäude zu befestigen, um Bewegungen durch Windeinwirkung zu verhindern.

Tipp: Ein zu starker Luftzug kann durch den Einbau einer einfachen Drosselklappe (Kaminzubehör) im Abluftrohr manuell reguliert werden.

Tipp: Aufsätze zur Sogverstärkung wie Savonius-Rotoren und Windturbinen verhindern durch den Drehkörper bereits selbst den Eintritt von Niederschlägen, so dass Regenhauben wie auch Maßnahmen zum Vogelschutz entfallen können.

4.44
Die optimale Position bei jeder Windrichtung wird erreicht, wenn das Abluftrohr über den Dachfirst ragt.

Elektrische Ventilatoren

Um Gerüche im Toilettenraum unabhängig von Sonne und Wind sicher zu entfernen, wird der Geruchsverschluss (Unterdruck) am besten durch einen elektrischen Ventilator hergestellt. Dies gilt vor allem für Kompost-Toilettenanlagen mit mehr als einem Toilettenanschluss. Auch bei biologischen Trockentoiletten in ständig genutzten Gebäuden und in innenliegenden Toilettenräumen sollte eine elektrisch betriebene Zwangsentlüftung für einen sicheren Geruchsverschluss sorgen und die Entlüftung der Toilettenräume mit übernehmen (Abb. 4.45).

Ein Ventilator ist erforderlich, wenn bei einer Auftriebslüftung zu große Strömungswiderstände entstehen durch

- Richtungsänderungen mit 90°-Rohrbögen,
- horizontale Rohrführung durch die Wand nach draußen,
- vertikale Abluftführung, die unterhalb der Dachfläche endet,
- Reduzierung des freien Querschnitts der Zu- und Abluftrohre durch engmaschige Fliegengitter oder Fliegengaze,
- starken Pflanzenbewuchs in der Nähe der Austrittsöffnung des Abluftrohres,
- Konkurrenzlüftung (Kamin, Dunstabzug, Raumentlüftung),
- weitere Fallrohranschlüsse für Trockentoiletten an einen Kompostbehälter,
- häufig wechselnde Wetterlagen,
- Austritt des Abluftrohres an einer windgeschützten Seite

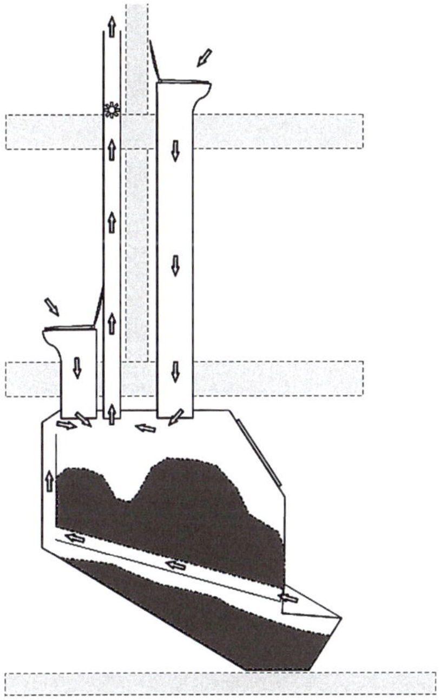

4.45
Damit die Fallrohre bei Ventilationsstillstand nicht zum Abluftrohr werden, muss die Be- und Entlüftung von vornherein auch als Auftriebslüftung eingeplant werden. Bei günstigen Wetterlagen kann dann ggf. auf den elektrischen Verteilerbetrieb verzichtet werden.
Zeichnung: Ph. Holzhausen

Bei käuflichen biologischen Trockentoiletten wird der Unterdruck meistens mit Hilfe eines kleinen elektrischen Ventilators (2 - 16 W Leistungsaufnahme) gesichert, der wahlweise mit Solarstrom bzw. aus der Autobatterie (Ausführung für 12/24 V Gleichstrom) oder mit Netzstrom (Ausführung für 230 V Wechselstrom) betrieben werden kann. Zum Einsatz kommen Rohreinschubventilatoren in axialer Ausführung, die für Feuchträume (Schutzart IP 44) und Dauerbetrieb geeignet sind. Bei Stillstand des Ventilators bleibt noch genügend freier Rohrquerschnitt, um eine reine Auftriebslüftung zu ermöglichen. Axialventilatoren sind als 12 V, 24 V= und 230V~ Ausführungen für unterschiedliche Rohrdurchmesser auf dem Markt. Bei Lüftungsleitungen von Kompost-Toilettenanlagen mit geringen Luftwiderständen und wenigen Richtungsänderungen (z.B. 4 x 45°) reichen Ventilatoren mit geringer Leistungsaufnahme (15 - 30 W/230 V) aus. Sind weitere Richtungsänderungen nicht zu vermeiden oder werden mehr als zwei Toiletten an eine Anlage angeschlossen, eignen sich Halbaxial- oder Radialventilatoren, die es als Rohreinschubversion oder zur Installation zwischen Rohranschlüssen gibt. Radialventilatoren sind leistungsstärker, erzeugen höhere Drücke und können somit höhere Widerstände z.B. durch mehrfache Richtungsänderungen im Abluftrohr oder längere Fallrohrleitungen überwinden. Sie verbrauchen allerdings auch mehr elektrische Energie (50 - 150 W/230 V) und sind durch die höhere Umdrehungszahl lauter. Bei Stillstand ist die verbleibende Auftriebslüftung kaum noch wirksam, da die enge Stellung der Flügel zueinander den Lüftungsquerschnitt stark einengt (Abb. 4.46 - 4.48).

Bei Einbau und Anschluss des Ventilators ist folgendes zu beachten:

- Der Ventilator muss für den Dauerbetrieb geeignet und gegen Feuchtigkeit geschützt sein.

4.46
Rohreinschub-Ventilatoren sind für die Entlüftung von Kompost-Toiletten geeignet, wenn sie den Querschnitt des Abluftrohres nicht verschließen.

4.47
Mittels Drehzahlsteller lässt sich die Ventilatorleistung regeln. Die Mindestleistung, die notwendig ist, um einen ausreichenden Geruchsverschluss zu gewährleisten, wird je nach den Bedingungen vor Ort eingestellt und muss dann nur bei extremen Wetterbedingungen (Sturm, Windstille) nachgeregelt werden.

4.48
Axialventilatoren, wie sie z.B. in PC-Gehäusen oder zur Raumentlüftung eingesetzt werden, reichen bei geringen Luftwiderständen aus, um einen Geruchsverschluss zu erzeugen. Aufgrund der geringen Leistung von 2 - 5 W sind sie sehr sparsam.

4.49
Der Ventilator kann weitgehend freischwingend in den Abluftstrang eingesetzt werden. Er sollte zu Wartungszwecken gut erreichbar sein.

- Der Ventilator sollte mit einem Gitter als Berührungsschutz (z.B. Gitter) ausgestattet sein.
- Wenn durch Windeinwirkung stark schwankende Druckverhältnisse vorliegen, ist ein stufenlos regelbarer Ventilator zweckmäßig.
- Der Anschluss des Ventilators an die Stromversorgung darf nur durch einen autorisierten Fachmann vorgenommen werden (Gewährleistung, Haftung).
- Der Ventilator sollte für Wartungszwecke leicht herausnehmbar sein (4.49).

Tipp: Das Abluftrohr mit Ventilator wird am besten so installiert, dass bei Stromausfall oder Defekt die natürliche Auftriebslüftung noch funktioniert (s.o).

Tipp: Bei Wand- und Dachdurchgängen sollte das Abluftrohr mit einer Schalldämmmatte ummantelt werden, um Geräuschübertragungen auf das Gebäude zu vermeiden.

Tipp: Die Regelung des Ventilators sollte vom Benutzer aus gut erreichbar sein, um z.B. bei Zugerscheinungen die Ventilatorleistung anpassen zu können.

Tipp: Bei Kompost-Toilettenanlagen mit mehr als einem Toilettenanschluss wird der Regler am besten in der Nähe der obersten Toilette angebracht, weil zur Entlüftung dieser Toilette aufgrund der größeren Fallrohrlänge und des dadurch bedingten längeren Strömungsweges der größte Luftwiderstand zu überwinden ist.

Fall- und Lüftungsrohre

Die am Markt erhältlichen biologischen Trockentoiletten sind meistens mit einem genormten Rohranschluss HT DN 75 (Rohre für Abwasser aus PPs-/Polypropylen-Kunststoff, schwer entflammbar) oder RG 75 (Regenrohre aus PVC-Kunststoff, normal entflammbar) ausgestattet (Abb. 4.50). Bei einigen Produkten werden DN 110 HT-Rohre verwendet. Beide Rohrarten werden in unterschiedlichen Längen angeboten. HT-Rohre gibt es auch in kleinen Längen unter 1 m sowie als Rohrbögen mit verschiedenen Winkeln. Regenrohre sind in Längen ab 1 m und in unterschiedlichen Farben erhältlich. Rohrbögen gibt es nur als 45°-Winkel.

Statt eines Dachdurchganges empfiehlt es sich – falls machbar und optisch nicht zu störend – das Abluftrohr vom Toilettengehäuse aus so nach außen zu verziehen, dass es unterhalb des Dachüberstandes und an der Traufe vorbei senkrecht über Dach geführt wird. Verhindern Fenster oder Einrichtungsgegenstände die Rohrführung nach außen, können weitere Richtungsänderungen mit 45°-Bögen hergestellt werden.

Einige Hersteller bieten eine Schablone für die ellipsenförmige Wandöffnung an, die bei einer Wanddurchführung mit 45°-Bögen entsteht. Vor dem Einbau muss geprüft werden, ob Konstruktionshölzer, Elektro- oder Wasserleitungen im Wege sind. Die Einbauanweisung des Herstellers ist einzuhalten.

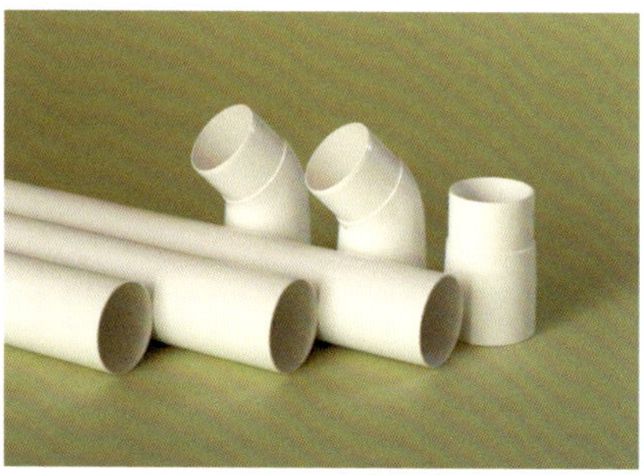

4.50
Regenrohre in den Farben grau und braun passen zur vorhandenen Dachentwässerung mit Dachrinne und Fallrohr. Weiße Lüftungsrohre passen im Toilettenraum besser zu der meist weißen Farbe der Toilette.

Alle Rohrverbindungen außerhalb des Gebäudes sowie die Anschlüsse zur Wand oder zum Dach müssen dauerhaft wasserdicht sein. Rohrverbindungen und Wanddurchgänge sollten mit Silikon o.ä. abgedichtet werden.

Für die Entlüftung von Kompost-Toilettenanlagen werden in der Regel HT DN 160-Kunststoffrohre verwendet, bei einigen Systemen auch DN 110 oder DN 125, die es ebenfalls in kurzen Längen gibt (Abb. 4.51). Alternativ gibt es die Rohrdurchmesser auch in V2A- oder V4A-Edelstahl, einwandig oder doppelwandig mit Wärmedämmung (Abb. 4.52).

Zur Dachabdichtung empfehlen sich Dichtungsmittel, die es im Dachdecker-Fachhandel gibt. Einige Hersteller bieten Dachabdichtungen an, die in die Dachhaut oder die Dachdeckung eingearbeitet werden können. Dachanschlüsse werden auch als Fertigteile und Bausätze mit Dachdurchführung, Abdichtung und Schutz gegen Niederschläge für verschiedene Dachneigungswinkel, Dach- und Pfannenarten sowie in verschiedenen Farben angeboten.

Systemteile zur Be- und Entlüftung von Abwasserleitungen sind für Kompost-Toilettenanlagen nur dann geeignet, wenn der Durchmesser des Abluftrohres ohne Reduzierung nach außen geführt werden kann und eine freie Lüftung am Ende des Rohres möglich ist. Bei bewachsenen Dächern nimmt man aus Wurzelschutzfolie gefertigte Schürzen, die wasserdicht mit der Wurzelschutzschicht verbunden werden. Um Geruchsbelästigungen zu vermeiden, sollten über Dach gehende Abluftöffnungen 5 m Abstand zu Aufenthaltsflächen (Terrasse, Balkon) oder Gebäudeöffnungen (Fenster, Dachflächenfenster) halten.

Für biologische Trockentoiletten mit Fallrohranschluss an den Sammelbehälter eignen sich KG-Abwasserrohre DN 200 bis DN 250, wie sie für die Erdverlegung ab 1 m Länge gebräuchlich sind. Alternativ werden auf dem Markt PE-/Polyäthylen-Kunststoffrohre und V2A-Edelstahlrohre angeboten. Bei Kompost-Toilettenanlagen sind Fallrohrdurchmesser von mindestens 250 mm, besser 300 mm üblich, um Verschmutzungen an der Rohrinnenwand so gering wie möglich zu halten.

Folgendes ist noch zu beachten:

- Abluftleitungen müssen zugänglich bleiben und sollten regelmäßig (etwa einmal im Jahr) gereinigt werden, damit der Strömungswiderstand klein bleibt und der Geruchsverschluss durch Unterdruck optimal funktioniert.

Tipp: Zuluftöffnung und Abluftöffnung lassen sich durch eine Gaze oder Gitter vor Insekten, Nagern und nistenden Vögeln schützen. Allerdings müssen diese auch regelmäßig gereinigt werden, damit das Lüftungssystem funktionsfähig bleibt.

Tipp: Wanddurchführungen sind Dachdurchführungen vorzuziehen, da sie leichter dauerhaft und unabhängig von Witterungseinflüssen abgedichtet werden können.

4.52
Doppelwandige und wärmegedämmte Rohre werden als Bausatz für Kaminschornsteine angeboten. Am Ende des Rohres sollte es eine Regenhaube oder einen Sogverstärker haben (mehrere Hersteller).

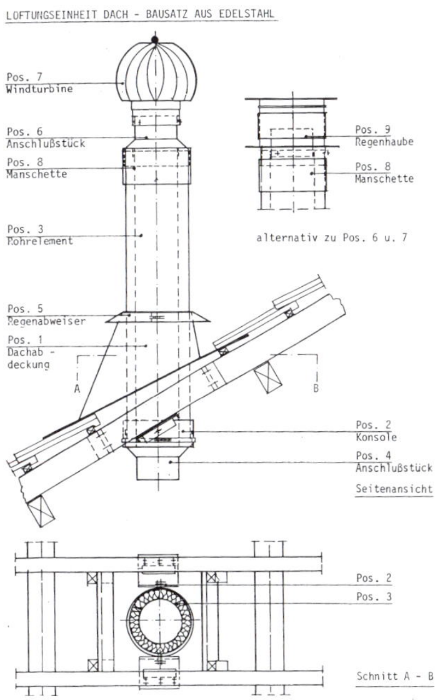

4.51
Durch eine kompetente Planung kann bei Kompost-Toilettenanlagen die Verlegung der Fallrohre (von links nach rechts: Toilettenfallrohr DN 300, Abluftrohr DN 160 und Abwasserrohr DN 110) raumsparend in einem Schacht erfolgen. Während die Fallrohre für die Toiletten lotrecht verlaufen müssen, kann die Abluftleitung um Träger und Mauervorsprünge verzogen werden (BV Bielefeld-Waldquelle).

4.53
Maße sind am Bau zu prüfen, d.h. von vornherein muss genügend Toleranz für die Installation der Fall- und Lüftungsrohre berücksichtigt werden. Die Deckenöffnungen werden nach der Fixierung der Rohre wieder geschlossen und der Estrich mit Trennschicht bis an die Rohre herangeführt. (BV Bielefeld-Waldquelle).

4.54
Einkammer-Behälter für jeweils einen Toilettenanschluss. Dadurch kann der Behälter nah am Toilettenanschluss aufgestellt werden, dies erfordert aber jeweils eine eigene Abluftleitung über Dach. Hier wurden 2 Abluftrohre zu einer Leitung zusammengefasst. Der Behälter ist mit einem Zwischenboden mit Sieböffnungen zur Drainage des Sickerwassers ausgestattet. Die untere Kammer wird durch einen Überlauf mit Schlauchanschluss geleert (Clivus, Schweden).

Tipp: Lüftungsrohre können einfach von Spinnweben befreit werden, indem man einen kleinen Ball oder Apfel in das obere Rohrende einwirft (vorher muss der Ventilator ausgebaut werden).

Behälter für Kompost-Toilettenanlagen

Sammelbehälter für Kompost-Toiletten können aus einer oder mehreren Kammer(n) bestehen und ein Gesamtvolumen von einigen 100 Litern bis zu mehreren Kubikmetern haben. Anders als in biologischen Trockentoiletten können die Feststoffe in Kompost-Toiletten aufgrund der größeren Behälterkapazität länger lagern und bis zur vollständigen Kompostierung darin verbleiben.

Einkammerbehälter (kontinuierliche Beschickung)

Bei Sammelbehältern, die nur aus einer Kammer bestehen, muss bei zunehmendem Füllgrad in regelmäßigen Abständen Material entnommen werden. Die kontinuierliche Beschickung mit frischem Material hat den Nachteil, dass über die flüssigen Bestandteile Keime und andere Stoffe in den fertigen Kompost transportieren werden können. Das entnommene Material sollte daher in jedem Fall vor einer Verwertung im Garten extern nachkompostiert werden (Abb. 4.54).

Mehrkammerbehälter (diskontinuierliche Beschickung)

Um eine Vermischung mit frischem Material zu verhindern, werden auch Behälter mit zwei oder mehreren Kammern eingesetzt, in denen die Phasen der Kompostierung getrennt voneinander ablaufen können (Abb. 4.55). Das Umsetzen des Materials von einer zur nächsten Kammer kann manuell mit Geräten (Grabgabel, Kompostgabel u.a.) vorgenommen werden bzw. halb- oder vollautomatisch z.B. durch Rührwerk, Schaufel-

4.55 *unten links*
Diese Kompost-Toilette besteht aus einer Kompostkammer, einer durch einen Schieber getrennte Entnahmekammer und einem durchlässigen Zwischenboden zur Ableitung von Sickerwasser. Das Sickerwasser wird durch poröses mineralisches Schüttmaterial vorgereinigt, auf dem sich allmählich ein Biorasen entwickelt. Gleichzeitig wird in der hinteren Kammer über eine durchströmte Luftschicht verdunstetes Sickerwasser mit der Entlüftung der Toilette abgeführt. Es können bis zu 2 Toiletten angeschlossen werden. Durch eingebaute Sperren in der Kompostkammer lässt sich vorkompostiertes Material getrennt von frischem Material mit Hilfe einer Belüftungsstange zur Nachkompostierung in die vordere Kammer ziehen. Der Einbau einer Förderschnecke hat sich nicht bewährt (TerraNova 75, Berger Biotechnik).

4.56 *unten rechts*
Die norwegische Kompost-Toilette Snurredassen wurde bereits in den 70er Jahren entwickelt und besteht aus einem inneren drehbaren und einem äußeren feststehenden Behälter. Der innere drehbare Zylinder ist in 4 Kammersegmente aufgeteilt, die nacheinander befüllt werden. Jede Kammer ist mit einem Belüftungskanal ausgestattet, der mit der Be- und Entlüftung des Behälters in Verbindung steht. Es können maximal 2 Toiletten angeschlossen werden, so dass jeweils durch Drehung zur nächsten Kammer eine alternierende Befüllung möglich ist. Unterhalb des Vierkammerbehälters befindet sich eine Kammer zur Aufnahme von Sickerwasser, das entweder in einen Tank abgeleitet wird, oder, wie in Norwegen häufig üblich, mit einem elektrischen Wärmekabel verdunstet wird (Vera, Norwegen).

rad, Förderschnecke, Laufband erfolgen. Auch können die Kammern wechselweise durch horizontal oder vertikal angeordnete Drehbehälter nacheinander befüllt werden (Abb. 4.56). Der Vorteil dieser diskontinuierlichen Beschickung ist vor allem hygienischer Art. Nachteile ergeben sich durch den höheren technischen oder manuellen Aufwand und die häufiger notwendige Kontrolle des Füllgrades. Die Aufteilung des Gesamtvolumens in zwei oder mehr Kammern kann auch den Kompostierungsprozess erschweren, für den in der Regel mindestens 1 m^3 Material erforderlich ist. Kompostorganismen haben in kleineren Volumina weniger Möglichkeiten, das jeweils für sie geeignete Milieu zu finden.

Wechselbehälter (alternierende Beschickung)

Eine weitere Möglichkeit besteht prinzipiell darin, größere transportable Behälter im Wechsel mit Feststoffen zu füllen (Abb. 4.57). Die Kompostierung findet dann zwar im Behälter selbst, aber an einem anderen Ort statt. So ergibt sich die Möglichkeit, die Stoffe chargenweise bis zum Abschluss der Kompostierung in einem Behälter zu belassen. Der Vorteil der alternierenden Beschickung, auch „Batch-Betrieb" genannt, besteht darin, dass das Kompostierungsvolumen vor Ort gering gehalten werden kann. Weitere Vorteile ergeben sich durch die bessere Kontroll- und Wartungsmöglichkeit der einzelnen Chargen. Als Nachteil zu nennen ist der höhere Transportaufwand und dass der Füllgrad häufiger kontrolliert werden muss.

4.57
Bei ausreichend großem Kompostierungsvolumen (z.B. Müllbehälter ab 370 l Volumen) können unter geeigneten Bedingungen die Toiletteninhalte in nachfolgenden Wechselbehältern kompostieren. Wärme (d.h. Sonneneinstrahlung) kann dabei den Kompostierungsprozess unterstützen.
(Green Toilet, Finnland)

Betrieb und Wartung

Inwieweit eine Toilette oder eine Toilettenanlage für den Nutzer attraktiv ist, hängt vor allem von der Hygiene und der sicheren Funktion der Toilette ab.

Um eine sichere Funktion zu gewährleisten, gilt es, folgende Bedingungen zu erfüllen:

- Jeder Toilette sollte eine Anweisung für Einbau, Betrieb und Wartung beiliegen. Bei Fragen sollte der Lieferant gut erreichbar sein und fachlich kompetent Auskunft geben können.
- Technische Störungen müssen gemäß den Empfehlungen des Herstellers behoben werden.
- Hygieneartikel wie Binden, Tampons, Windeln und Präservative sind nicht bzw. nur schwer kompostierbar und daher in einem separaten Abfallbehälter zu sammeln und zu entsorgen.
- Brennende oder glühende Gegenstände wie Zigarettenkippen und Asche dürfen auf keinen Fall in die Toilette eingeworfen werden.

Tipp: Zur Reinigung der Toilette verwendet man am besten eine Sprühflasche mit Essig-WC-Reiniger, verdünnter Essigessenz oder verdünnter Zitronensäure. Sie eignen sich besonders für Stellen, an denen sich leicht Urinstein bildet, wie z.B. am Ablauf für Urin bei Trenntoiletten. Die Reinigungsmittel haben eine desinfizierende Wirkung und schaden bei sparsamer Verwendung nicht der Urin- oder Kompostverwertung. Entweder sprüht man etwas Flüssigkeit auf ein Papiertuch oder Toilettenpapier und wischt die Innenflächen der Toilettenöffnung, den Sitz und ggf. die Urintrennvorrichtung mit dem feuchten Papier ab, oder man besprüht erst die Flächen und wischt sie anschließend mit einem Papiertuch trocken. In beiden Fällen kann das Papier in die Toilette geworfen werden.

Tipp: Essigessenz (30% Essigsäure) ist besonders sparsam im Verbrauch, wenn man sie mit Wasser auf den Gehalt von Haushaltsessig (5% Essigsäure) verdünnt. Unverdünnte Essigessenz würde zu stark ätzend wirken.

Tipp: Eine verständliche und gut sichtbare Anleitung, wie man die Toilette benutzen und sie ggf. reinigen sollte, erspart Nachfragen und Fehlbenutzungen (Abb. 4.58).

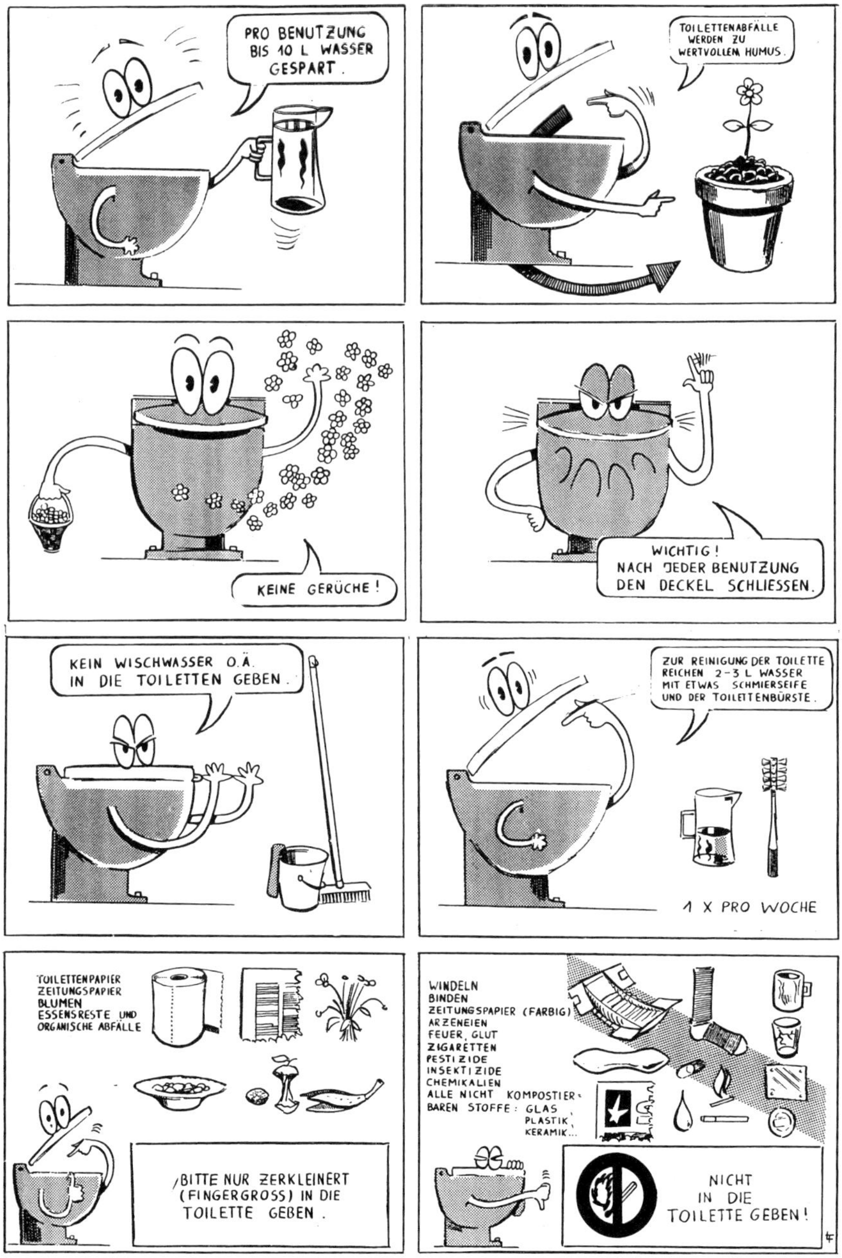

4.58
Zu jeder Toilette gehört eine Bedienungsanleitung, die jedem neuen – großen oder kleinen – Besucher deutlich macht, wie er sich bei Benutzung und Reinigung der Toilette verhalten sollte. Das klappt erfahrungsgemäß anhand eines Comics ganz gut ...
Zeichnung: T. Lenecke

5 Beispiele aus der Praxis

In diesem Kapitel werden – stellvertretend für viele realisierte Anwendungen von biologischen Trockentoiletten und Kompost-Toilettenanlagen – Beispiele aus den verschiedenen Einsatzbereichen vorgestellt. Dabei kommen auch einige praktische Erfahrungen der Betreiber und Nutzer zur Sprache, ebenso wie die Umstände, die zur Entscheidung für eine wasserlose Toilette führten.

5.1 Das Kleingartenparadies mit Laube und Trockentoilette

Anders als in Wohn- und Wochenendhausgebieten sind Dauerkleingärten planungsrechtlich zumeist als Grünflächen ausgewiesen, d.h. aufwändige Ver- und Entsorgungsanschlüsse für die Kleingartenlauben müssen nicht vorgehalten bzw. finanziert werden. Folglich sind Wasserspültoiletten und Abwasseranlagen in Kleingärten nicht erlaubt. Ein Wasseranschluss darf nur zur Gartenbewässerung außerhalb der Laube installiert sein. Dies sichert nicht nur einen sozial verträglichen Pachtzins gegenüber Wochenendhäusern (in Hamburg z.B. ca. 300 €/a für eine 300 - 400 m² große Parzelle), sondern auch den Schutz der Gemeinnützigkeit und der damit verbundenen Steuervorteile (s.a. Kap. 6).

Im Kleingarten kommen vor allem Streutoiletten und andere biologische Trockentoiletten zur Anwendung, deren Inhalte über eine fachgerechte Kompostierung auf der Parzelle zu Pflanzerde umgewandelt werden können. (Abb. 5.2 - 5.6) Der kurze Entsorgungsweg zum eigenen Kompost auf der Parzelle ist bequem und kostensparend und die Benutzung der Toilette ist ganzjährig möglich, auch wenn die Wasserversorgung wegen Frostgefahr abgestellt ist. Trockentoiletten ohne Lüftung eignen sich eher für die Nutzung an wenigen aufeinanderfolgenden Tagen (z.B. am Wochenende), während Toiletten mit Lüftung davon unabhängig sind (s.a. Kap. 3).

In einigen Bundesländern sind auch Chemie- bzw. Campingtoiletten zulässig, wenn in der betreffenden Kleingartenanlage eine Entsorgungsstation für Chemietoiletteninhalte eingerichtet ist. Die eingesetzten Sanitärflüssigkeiten zur Unterdrückung der Faulprozesse und Gerüche gelten als Abwasser, das nicht über den Kompost entsorgt oder ins Erdreich ein-

5.1
Über eine Million Kleingärten in Deutschland erfreuen sich zunehmender Beliebtheit bei jungen Familien und Paaren. Die Idylle ist für Jung und Alt eine wichtige Quelle für Entspannung, Naturnähe und Kontakt zu anderen.

5.2 und 5.3
Für jeden Geschmack und für jeden Bedarf gibt es fertige Toilettensysteme zu kaufen, die sich seit Jahrzehnten bewährt haben. Die Zahl der Nutzer und die Nutzungshäufigkeit sind ausschlaggebend, für welche Aufnahmekapazität die Toilette bemessen sein sollte.

5.4 - 5.6
Weitere Beispiele von biologischen Trockentoiletten in Gartenlauben.

gegraben werden darf. Zusatzbezeichnungen wie „Bio“ oder „biologisch abbaubar“ sind irreführend und beziehen sich ausschließlich auf die Abbaubarkeit in einer dafür geeigneten Kläranlage. Chemietoiletten sind eher im Camping- und Wohnmobilbereich sinnvoll, vorausgesetzt, der Inhalt wird vorschriftsmäßig entsorgt. Das Kleingartenwesen ist im Wandel, denn immer mehr junge Familien mit konsequent ökologischen Vorsätzen sehen im chemie- und wasserfreien Garten eine nachhaltige Perspektive. Auch setzt sich ein konsequenteres Handeln der Vereine gegenüber Umweltsündern durch. Eine vollständig mit biologischen Trockentoiletten ausgestattete Kleingartenanlage wird daher in naher Zukunft immer häufiger anzutreffen sein.

5.2 Gemeinschaftsgärten in der Stadt

Die Idee des City-Farming entstand Anfang der 1970er Jahre in den amerikanischen Metropolen und fand später auch in Deutschland Initiativen, die die Idee fortsetzten und auf städtischen Grünflächen z.B. interkulturelle Gärten, Saisongärten oder Gemeinschaftsgärten erprobten. Das gemeinschaftliche Gärtnern fördert die Nachbarschaft und den Austausch zwischen den Kulturen und reizt zum gärtnerischen Experimentieren mit bisher unüblichen Anbauweisen. Dabei werden städtische Brachflächen bis hin zu Verkehrsinseln u.a. mit stapelbaren Pflanzkisten und Hochbeeten bepflanzt, was auch Ausdruck einer veränderten Auffassung von Stadtgrün und Teilhabe an der Stadt ist.

Für ein Permakultur-Projekt am Rand des Hamburger Volksparks wurden mehrere ehemalige Kleingartenparzellen zusammengelegt und zu einem Gemeinschaftsgarten umgestaltet, an dem über 100 Mitglieder beteiligt sind. (5.8) Dabei machte man sich auch über eine Lösung des Toilettenproblems Gedanken und setzte in Zusammenarbeit mit dem Institut für Siedlungswasserwirtschaft der TU Harburg eine Versuchsanlage zur Herstellung von Terrapreta-Substrat um (vgl. Kap. 2). Ziel ist es, eine möglichst vollständige Fermentierung des Kotes zu erreichen, an die sich eine Vererdung durch Wurmkompostierung anschließt. Eine Trenntoilette und ein Stehurinal sorgen dafür, dass die Feststoffe möglichst urinfrei gesammelt und in einer Tonne weitgehend anaerob unter Zusatz einer Zuckerlösung fermentiert werden (Abb. 5.9 u. 5.10). Ein über Dach führendes Abluftrohr entlüftet den Raum und den Sammelbehälter für Urin (Abb. 5.11). Der entstehende Unterdruck ist gleichzeitig Geruchsverschluss für das Urinal. Inwieweit eine Verwertung des fertigen Materials vor Ort im Gemeinschaftsgarten stattfinden kann, wird die weitere Entwicklung des Versuchs zeigen.

5.7: Das Toilettenhaus mit Trenntoilette und Trockenurinal ist teilunterkellert, um unter der Toilette verschließbare Fässer für die Kotsammlung aufstellen zu können und den Urinsammeltank unterzubringen.

5.8 *(unten)*: Gemeinschaftsgarten in Hamburg-Volkspark Tutenberg Institut für Umweltgestaltung e.V. Die Gartenfläche ist in Einzelbeete und in ein Gemeinschaftsbeet aufgeteilt.

5.9 *(oben rechts)*: Prototyp einer Trenntoilette aus Sanitärkeramik. Um möglichst anaerobe Verhältnisse für die Fermentierung zu erzeugen, wird die Toilette mit einem dichten Toilettensitz abgedeckt.

5.10: Das Trockenurinal hat einen „natürlichen" Geruchsverschluss, indem die Urinleitung zum Sammeltank über das Dach entlüftet wird.

5.11: Durch einen Savonius-Lüfter wird Raumluft über das Trockenurinal abgesaugt. So bleibt der Raum auch bei Benutzung geruchfrei.

5.3 Waldkindergärten – Natur erleben ohne Spülklo

Kinder dort spielen zu lassen, wo die Natur noch halbwegs wild ist, wo sie entdecken und ungestört toben können – das ist das pädagogische Ziel vieler Initiativen als Ausgleich zu städtisch geprägten Kindergärten. Weil dort, wo Menschen sich länger aufhalten, auch gegessen und verdaut wird, tun sich Behörden oft schwer, die Nutzung kleiner Wald- und Wiesenflächen ohne eine geregelte Entsorgung zuzulassen. Die häufig verordnete Notlösung, eine Chemietoilette mit aufwändigem Service, entspricht nicht unbedingt dem Ziel, die Kinder an natürliche Prozesse heranzuführen und die frische Waldluft zu genießen. Deshalb setzt sich auch in diesem Bereich der Einsatz biologischer Trockentoiletten mit anschließender Kompostierung immer mehr durch. Kinder können erfahren, dass ihre Exkremente Teil eines natürlichen Prozesses sind, und schon früh ein Bewusstsein für den respektvollen Umgang mit den Ressourcen Wasser und Boden entwickeln. Zeigt man den Kindern z.B. die Bedeutung des Regenwurmes im Kompost, erntet man oft große Begeisterung und Interesse, was sich auch positiv auf den Umgang mit kompostierbaren Abfällen im häuslichen Alltag auswirken kann.

5.12
Für die „Waldameisen" ist neben einem ehemaligen Schulhof eine kleine Wildnis entstanden, in der es viel zu entdecken gibt. Der komfortable Wohnwagen auf Rädern kann weiterziehen, wenn die Fläche einmal anders genutzt werden soll.

5.13
Die Streutoilette wird von den Kindern problemlos angenommen, doch ist der Transport des Behälters zum Kompost für die Erzieher zu beschwerlich. Dafür gibt es einen Helfer, der auch die Kompostierung in Thermokompostern übernimmt.

5.14
Zum Händewaschen braucht man nicht viel Wasser, vor allem, wenn die Hände so klein sind. Das gesammelte Waschwasser wird mit auf den Kompost gegeben.

5.4 Wohnwagen als Zweithaus ohne Komfortverzicht

Ein kleines Haus auf einem Fahrgestell in den Garten zu stellen macht dann Sinn, wenn eine baurechtliche Zulassung für ein Häuschen auf Fundamenten nicht möglich ist oder die Größe des Gebäudes die Grenzen für genehmigungsfreie Bauten überschreitet. Viele Bauwagenplätze in den Städten nutzen diese Lösung, vorausgesetzt, das Grundstück ist im Eigentum oder zur Pacht überlassen. Als Anhänger mit einer Höchstgeschwindigkeit von 25 km/h ist das fahrbare Häuschen auch kein Fall für die Kfz-Zulassung und kann, entsprechend gekennzeichnet, mit einem Traktor oder Schlepper auf der Straße bewegt werden.

Zu berücksichtigen ist jedoch, dass die Nachbarschaft und die Vorgaben des Landschaftsschutzes nicht beeinträchtigt werden und durch die Nutzung z.B. keine Abwässer entstehen. Mobile Häuser sind beliebt bei modernen Nomaden, die gerne einmal den Standort wechseln, wie auch als repräsentative Erweiterung eines bestehenden Gebäudes, als vorübergehende Einrichtung (s. Waldkindergarten) oder als Rückzugsort für Ruhe und Kreativität. (5.16)

Notgedrungen sind in kleinem Umfang und je nach Standort auch sanitäre Einrichtungen gefragt, die unabhängig von Ver- und Entsorgungsleitungen betrieben werden können. Eine biologische Trockentoilette mit Kompostierung außerhalb des Häuschens ist eine praktische Alternative zur Spültoilette. Um einen möglichst autarken Betrieb zu erreichen, ist eine Stromversorgung über Photovoltaik mit Batterie sinnvoll. So können auch der Ventilator für die Trenntoilette und die elektrische Beleuchtung mit Solarstrom versorgt werden.

5.15
Wohnwagen für den Garten mit einem Hauch von Romantik und Abenteuer gibt es als Kontrast zu Mobilheimen und Standorten auf Dauercampingplätzen.

5.16
Ein Hauch von Luxus ist auch im Kleinsthaus auf Rädern möglich.

5.17
Eine biologische Trockentoilette gewinnt an Attraktivität, wenn mit dem Betrieb auch die Raumlüftung verbunden ist. Die Separett Villa-Trenntoilette ist mit einem 12V-Ventilator ausgestattet und sorgt für gute Luft im Toilettenraum.
3 Fotos: Wohlwagen®

5.5 Auf großer Fahrt – mit Expeditionsmobil und Trenntoilette

Ein Bericht von U. u. Th. Gleitsmann

Das Thema „Toilette" wird in Reisemobilkreisen immer wieder heftig diskutiert. Wichtigstes Ziel sind möglichst lange Entleerungsintervalle kombiniert mit einem einfachen Entleerungsvorgang des Sammelbehälters. Die teilweise praktizierte Lösung mittels Chemietoilette und 100 – 200 l Schwarzwassertank konnte uns nicht überzeugen, da die Entleerungsintervalle zwar sehr lang sind, die Entleerung selbst aber, vor allem außerhalb Europas, sehr schwierig ist. Hinzu kommt, dass man an Campingplätze gebunden ist, wir aber gerne autark abseits „eingefahrener" Routen reisen möchten. Außerdem nimmt ein so großer Schwarzwassertank Platz in Anspruch, den wir lieber für Trinkwasser- bzw. Dieseltanks vorhalten.

Bislang sind wir mit einer Kassettentoilette von Thetfort gefahren. Im Gepäck hatten wir stets eine Ersatzkassette, für den Fall, das die erste gefüllt ist und sich noch keine Gelegenheit für die Entsorgung geboten hatte. Die Leerung der Kassette war zwar einfacher als bei einem großen Schwarzwassertank (Entsorgung in jeder Spültoilette möglich), war aber in Sachen Geruch nicht sehr angenehm, da wir ohne Chemie gefahren sind. Außerdem musste die Kassette etwa alle 3 Tage geleert werden, was dazu führte, dass die Gedanken irgendwie immer um das Thema kreisten. Letztlich steigerte auch das Spülwasser noch die Entleerungsmenge und –intervalle. Diese Überlegungen gaben den Ausschlag für die Umrüstung auf eine Trenntoilette.

Gerade mit Blick auf unsere Reiseziele (Langzeitreisen oftmals fern der Zivilisation) war das lange Entleerungsintervall der Separett Villa-Trenntoilette ein sehr wichtiges Argument für unsere Entscheidung. Außerdem ist die Entsorgung der festen Bestandteile in Beuteln in einen Mülleimer, oder notfalls das Eingraben von kompostierbaren Biobeuteln in den Boden, einfacher und angenehmer, als die Entsorgung des Fäkaliengemisches in Kassetten. Und bei fehlender Entsorgungsstation kann der Urintank wesentlich einfacher in die Kanalisation bzw. notfalls in die Natur entleert werden. Hinzu kommt die Wasserersparnis, da nicht gespült wird. Auch das ist bei begrenztem Wasservorrat wichtig, war aber nicht das ausschlaggebende Argument. Platzmäßig haben wir den Einbau gut lösen können, da wir den hinteren Teil der Toilette in dem Heckstauraum hinter der Wand verschwinden lassen konnten.

Für unseren Geschmack ist der 12 V-Lüftermotor doch etwas laut, vor allem dann, wenn keine anderen Geräusche ablenken. Deshalb wollen wir versuchen, ersatzweise einen besonders leise laufenden PC-Lüfter einzubauen. Über das Ergebnis des Umbaus sowie unsere weiteren Erfahrungen mit der Separett Villa in einem Expeditionsmobil werden wir ggf. später einmal berichten können.

5.18
Auf langen Reisen ist nicht nur ein verlässliches Fahrzeug Bedingung, sondern auch eine entspannte und umweltgerechte Lösung des Toilettenproblems.

5.19
Die Separett Villa-Trenntoilette ist für viele Wohnmobile zu groß, doch wem Komfort und praktische Entsorgung der Toiletteninhalte auch unterwegs wichtig sind, findet räumlich eine Lösung.
Beide Fotos: U. u. Th. Gleitsmann

5.6 Baumhotel – Hier rauscht nur der Wald

Ferien im Baumhotel sind für viele Gäste eine reizvolle Herausforderung, um sich von Gewohntem abzuheben und der Natur ein Stück näher zu sein. Das Angebot reicht von Baumhäusern, die kunstvoll in den Wuchs der Bäume integriert sind, bis zu Hütten, die auf Stelzen am Waldrand stehen und über Treppen erreichbar sind. Im Baumhaushotel Rosenberg (Ostwürttemberg) wird anstelle einer Küche mit Wasseranschluss zum Frühstück z.B. ein Proviantkorb per Seilzug geliefert. Statt der Morgenwäsche wird die Duschstation am Boden oder das nahegelegene Schwimmbad empfohlen.

Unverzichtbar ist eine Toilette, denn die sollte ganztägig und ohne Hindernisse erreichbar sein. Biologische Trockentoiletten mit Rindenschroteinstreu werden von vielen Gästen positiv angenommen und passen in das Konzept von Einfachheit und Naturerfahrung, während Spültoiletten und Chemietoiletten meistens tabu sind.

Die Verwertung des Fäkalien-Rindenschrot-Gemisches aus den Trockentoiletten ist der nächste Schritt, der durch den Hotelbetreiber in Zusammenarbeit mit der Gemeinde in Angriff genommen wird, denn zurzeit werden die Stoffe noch in Beuteln verschlossen der Müllabfuhr übergeben. Für Gäste, die auf den gewohnten Komfort schwer verzichten können, gibt es auch ausnahmsweise Baumhütten mit fließendem Wasser und Spültoilette. Schließlich will man niemanden zwingen, allzu viele neue Erfahrungen mit Ungewohntem auf einmal zu machen. Allerdings stören die Geräusche der Toilettenspülung dann eher die Idylle.

5.20
Häuser auf Stelzen in Höhe der Baumkrone sind unabhängig von der Bewegung des Baumes und daher gefragter, als Häuser, die mit dem Baum oder den Bäumen verbunden sind.

5.21
Eine akzeptable Toilettenlösung wie eine Rindenschrottoilette ist unverzichtbar, wenn man unabhängig von Ver- und Entsorgungsleitungen in einem Baumhotel urlauben will.
Beide Fotos: O. Rohm

5.7 Öffentliche Toiletten in Freizeitgebieten

5.22
Öffentliche Kompost-Toilettenanlage auf der Landesgartenschau in Norderstedt. Das „WC“-Schild für „Watercloset“ hat man belassen, um Irritationen zu vermeiden. Die Anlage besteht aus einem Unterflur-Behälter mit wechselbaren Auffangschalen (Kazuba, Frankreich)

In vielen öffentlichen Freizeitgebieten ohne Kanalisationsanschluss besteht das Problem, hohe Benutzerzahlen an Wochenenden, in Ferienzeiten und bei gutem Wetter durch angemessene Toilettenkapazitäten zu bewältigen (z.B. Parks, Wanderwege, Badeseen, Kanuwanderplätze, Grillhütten, Rastplätze u.a.). Damit es nicht zur Verschmutzung der Umgebung kommt, werden häufig sogenannte Mobiltoiletten vorübergehend aufgestellt oder z.T. von den Behörden verordnet, deren Anbieter mit der Vermietung der Toilettenkabinen einen Rundum-Service inkl. Reinigung und Abfuhr anbieten.

Dies ist auf Baustellen und Massenveranstaltungen eine kurzfristige und effektive Lösung, solange sich im näheren Umkreis geeignete Kläranlagen befinden, die den Mix aus Fäkalien, Wasser und chemischen Zusätzen (Tenside, Formaldehyde, Glutaraldehyde) aufnehmen und verarbeiten können. Kläranlagen unter 10.000 EGW (Einwohnergleichwerten) müssen diese Sonderabwässer aus Mobiltoiletten wie auch aus Chemietoiletten aus dem Camping- und Wohnmobilbereich zurückweisen, um die biologische Reinigungsstufe im Klärprozess nicht zu gefährden.

Die Inhalte aus chemischen Toiletten werden daher z.T. über weite Strecken zur Entsorgung transportiert, was zusätzliche Kosten erzeugt und die Umwelt unnötig belastet.

Kostenbewusste Gemeinden, vor allem in Gegenden, in denen der Ökotourismus immer beliebter wird, suchen daher nach Alternativen, die auch ein positives Image im Gesamtkonzept bewirken (Abb. 5.22). Einfache biologische Trockentoiletten mit be- und entlüftetem Sammelbehälter werden mit Einstreu von Sägemehl betrieben und ermöglichen einen geruchfreien Betrieb. Der gesammelte Toiletteninhalt wird dann entweder vor Ort oder zusammen mit den Grünabfällen der Gemeinde zu Kompost verarbeitet. Der Kompost eignet sich z.B. für den Einsatz im Landschaftsbau. Auch dieses System gilt, wie jedes andere Sanitärsystem, nur solange als akzeptabel, wie die vorhandene Toilettenkapazität nicht überstrapaziert wird und hygienische Bedingungen eingehalten werden. Ein funktionierender Service und die Möglichkeit,

5.23
Ein gut zu reinigender Toilettenraum mit Trokkentoilette aus Sanitärkeramik. Viele Besucher zögerten trotz erklärender Hinweise, waren aber erstaunt, dass es nicht roch (Kazuba, Frankreich)

5.24
Das Abluftrohr wurde aerodynamisch geformt und ermöglicht über die abnehmbare Verkleidung gleichzeitig die Wartung und Entnahme der Wechselbehälter.

5.25
Uriges Toilettengebäude am Waldrastplatz in Nordjütland, Dänemark. Die Fäkalien werden mit Streu bedeckt und können über einen hinteren Schacht entnommen werden.

sich die Hände zu reinigen (z.B. mit gesammeltem Regenwasser), sollten gegeben sein. Die Benutzer solcher Sanitäreinrichtungen nehmen diese Alternative zur Chemietoilette durchweg positiv an, weil es u.a. nicht nach chemischen Sanitärkonzentraten riecht und es durch die natürliche Entlüftung auch nicht zu anderweitigen Geruchsbelästigungen kommt.

5.26 *links und Mitte*
In das Gehäuse einer Chemietoilette wurde eine Trockentoilette mit Urintrennung und Einstreu eingebaut. (Lagune Tatajuba im Wanderdünengebiet im Nordosten Brasiliens)

5.27
Robustes Toilettenhaus am Kanuwanderplatz im Müritz-Nationalpark. Inzwischen wurde die Aufnahmekapazität durch den Bau einer neuen Toilettenanlage erhöht, deren Inhalt regelmäßig abgepumpt und zur Kläranlage gefahren wird.

5.8 Festivaltoiletten

Immer häufiger findet man als Besucher von Musikfestivals und Stadtteilfesten statt der üblichen meist blau-weißen Chemietoilettenkabinen bunte und hölzerne Toilettenhäuschen, in denen die anfallenden Fäkalien mit Holzspänen gespült und in Fässern oder Müllbehältern gesammelt werden. Bei mehreren Tausend Besuchern sammeln sich täglich mehrere Kubikmeter Urin und Kot an. Nach jeder Sitzung deckt der Besucher seine Hinterlassenschaft mit einem Becher Sägemehl ab. Das Fäkalien-Späne-Gemisch wird je nach den Gegebenheiten und Bestimmungen vor Ort kompostiert oder einer Entsorgung zugeführt. Mit dieser einfachen und altbewährten Streumethode haben sich besonders in Australien, England und Frankreich engagierte Jungunternehmer ein neues Geschäftsfeld geschaffen.

In Deutschland wurden in den letzten Jahren in verschiedenen Städten z.B. Startups gegründet, die durch die Festi-

5.28
Toilettenkabinen als Montagesystem sind beliebig erweiterbar und beim Transport platzsparend. Die Stufen zum Toilettenraum sind notwendig, um ebenerdig Fässer oder fahrbare Müllbehälter aufstellen und abtransportieren zu können.
Die Toilettentüren bieten attraktive Flächen, um sich künstlerisch vom Einheitsimage der üblichen Toilettenkabinen mit Sanitärflüssigkeit abzuheben. Foto: Natural Event

5.29
Die Innengestaltung mit Multiplexplatten ist stabil und gut sauber zu halten, für eine Serienproduktion aber noch optimierbar.

5.30
Unterhalb des Toilettensitzes werden wechselweise 80 l-Fässer mit Folienbeutel untergebracht. Sowie ein Fass gefüllt ist, wird es luftdicht mit einem Deckel verschlossen und gegen ein leeres Fass mit einer Schicht aus Sägespänen ausgetauscht.

valbetreiber selbst beauftragt und gesponsert werden. Wie auch die Anbieter von Toilettenkabinen mit Sanitärflüssigkeit liefern sie den kompletten Service mit Reinigung der Kabinen und Abfuhr oder vermieten einzelne Toilettenhäuschen an Privatpersonen wie an Gemeinden.

Während die Inhalte von Chemietoiletten durch autorisierte Unternehmen in genügend große Kläranlagen entsorgt werden, ist der Verbleib der Trockenfäkalien nicht immer eindeutig geklärt. Solange die mit Holzspänen gebundenen Fäkalien vor Ort kompostiert werden, fallen sie unter die Eigenkompostierung (s. Kap. 2). Werden die Toiletteninhalte jedoch abtransportiert, müsste das Material wohl als Klärschlamm deklariert und entsorgt werden. Damit ist eine eingeschränkte landwirtschaftliche Verwertung oder aber die Entsorgung in eine für Klärschlamm zugelassene Biogasanlage bzw. in eine Klärschlammverbrennungsanlage möglich. Kompostwerke für Bioabfälle dürfen Fäkalien und Klärschlamm nicht annehmen. Alternativ könnten sich durch den Einsatz von Toiletten mit Urintrennung weitere Entsorgungswege ergeben, wie z.B. der Einsatz von Urin als Flüssigdünger in geeigneten landwirtschaftlichen und forstwirtschaftlichen Bereichen oder zur Düngemittelproduktion.

Das verbleibende Kot-Späne-Gemisch könnte z.B. Ausgangsstoff für eine Fermentierung mit anschließender Wurmkompostierung bzw. Wurmzucht werden. Der zentrale Anfall großer Mengen von Pflanzennährstoffen und organischer Masse auf Großveranstaltungen darf angesichts begrenzter Phosphorvorräte und schwindender Humusschichten im Boden nicht länger durch chemische Zusätze vernichtet werden. Daher ist es zukünftig notwendig, dass der Gesetzgeber für die Verwertung menschlicher Fäkalien neue Wege finden und gehen muss.

5.31
Der Autor auf einer Toilettendemo zum Welttoilettentag am 19.11.2014. Bei dem meist kostenpflichtigen Besuch bekommt man einen Becher mit Holzspänen zur Trockenspülung.

5.32
In Frankreich hat sich seit vielen Jahren eine eigene Szene entwickelt und organisiert, die teilweise in liebevoller Detailgestaltung eine Vielfalt an Toilettenkabinen für regionale Freiluftveranstaltungen anbietet. Foto Cl. Ladener

5.9 Hausboote: Ver- und Entsorgung im „Inselbetrieb"

Das Leben auf dem Wasser liegt im Trend. Während in den letzten Jahrzehnten Liegeplätze für Hausboote wegen mangelnder Entsorgung zurückgebaut wurden, bieten einige Hafenstädte inzwischen wieder Liegeplätze an. Auf schwimmenden Betonplatten entstehen oftmals luxuriöse Häuser, die voll erschlossen sind und die Schaukelbewegungen des Wassers weitgehend auffangen.

Abseits von diesem Trend haben sich private und gemeinnützige Initiativen zum Ziel gesetzt, z.B. historische Lieger, wie sie bis zur Mitte des letzten Jahrhunderts als Werkstätten und Aufenthaltsräume genutzt wurden und das Bild vieler Häfen prägten, zu restaurieren und sie einer breiteren Öffentlichkeit als Seminar- und Veranstaltungsraum anzubieten.

Die Ver- und Entsorgung erfolgt dabei quasi im „Inselbetrieb": Brauchwasser wird durch Versorgungsboote angeliefert und in Tanks gelagert, Abwasser wird bis zum Abpumpen durch Entsorgungsboote ebenfalls in Tanks zwischengelagert. Wassersparen ist daher nicht nur eine Kosten-, sondern auch eine Platzfrage. Eine Kompost-Toilettenanlage bietet ausreichend Kapazität für größere Veranstaltungen und bei regelmäßiger Wartung muss nur einmal jährlich fertiger Kompost entnommen werden. Den bringt man allerdings an Land, wenn man nicht an ein schwimmendes Garten-Ponton angedockt ist.

5.33
Ehemalige schwimmende Werkstätten werden heute gerne als Party Location genutzt.

5.34
Der Kompostbehälter hat die Kapazität für einen 3-Personenhaushalt, so dass auch dauerhaftes Wohnen auf dem Wasser möglich ist (Terra Nova).

5.35 *unten rechts*
Auch auf dem Wasser muss man nicht auf einen Garten verzichten: Schwimmender Pontongarten mit Komposterde gedüngt.

5.10 Wildniscamp im Nationalpark Bayerischer Wald

5.36
Hütte zum Thema Baum im Nationalpark Bayerischer Wald.

Die Einrichtung dient als regionale und internationale Begegnungsstätte für Schulklassen wie auch für Erwachsene, die unter Anleitung von Pädagogen und Mitarbeitern des Nationalparks die Themen „Wald", „Baum", „Wasser", „Wiese", „Erde" und „Licht" hautnah erleben können. Jedem Thema ist eine besonders gestaltete Hütte zugeordnet, die von jeweils 6 Personen ganzjährig zum Aufenthalt und zur Übernachtung genutzt werden kann (Abb. 5.37). Da Naturerlebnis, die Erfahrung von natürlichen Kreisläufen und Selbstversorgung im Vordergrund stehen, sind 3 Themenhäuser jeweils mit einer freistehenden Kompost-Toilettenanlage ausgestattet.

Die Kompost-Toiletten sind dabei Teil des Erfahrungs- und Bewusstseinsprozesses als Gegensatz zur anonymen und gewohnten "Spül und weg"- Mentalität im Alltag. Auch die Ressource Wasser zum Händewaschen nach der Toilettenbenutzung ist begrenzt, wobei Hygiene und Komfort auf einfachem Niveau durch einen 20 l-Behälter mit Zapfhahn gewährleistet sind. Während der Wintermonate friert der Kompost in der Anlage durch und wird erst mit Beginn der warmen Jahreszeit wieder aktiv, wenn die Kompost-Toilette auch wieder stärker genutzt wird (Abb. 5.38).

Der Kompostierungsprozess wurde von Anfang an verlässlich begleitet; insbesondere wurden die Fäkalien stets mit dem reichlich vorhandenen Shreddermaterial aus Ästen und Restholz abgestreut. Entsprechend angenehm sind die Erfahrungen, was in einer gut riechenden Komposterde einerseits und der positiven Akzeptanz der Nutzer andererseits zum Ausdruck kommt. Trotzdem muss auf Anordnung des zuständigen Landratsamtes der entnommene Kompost abtransportiert und in der Müllverbrennungsanlage in München entsorgt werden. Die Bestimmungen des Kreislaufwirtschaftsgesetzes, nämlich die stoffliche Verwertung vorrangig vor einer anderen Verwertung oder Beseitigung zu behandeln, wurden dabei einfach ignoriert. Die gute Resonanz auf das Gesamtkonzept des Wildniscamps führte dazu, dass das Projekt, entgegen ursprünglichen Absichten, inzwischen ganzjährig betrieben wird.

5.37
Ein kleiner Abhang wurde geschickt für die Unterbringung des Kompostbehälters genutzt.

5.38
Der Kompostbehälter ist in einer Betonwanne untergebracht.

5.11 Kompost-Toiletten in Alpenhütten

In über 50 Hütten des Deutschen Alpenvereins sind Kompost-Toilettenanlagen unterschiedlicher Bauweisen im Einsatz. Sie werden größtenteils durch solare Warmluft-Kollektoren oder durch Überschusswärme aus regenerativen Energiequellen vor dem Einfrieren in der kalten Jahreszeit geschützt. So werden z.B. die Kompost-Toiletten des Brandenburger Hauses, der am höchsten gelegenen Hütte des Deutschen Alpenvereins auf 3.274 m ü.M., außerhalb der Saison fast 9 Monate mit Wärme aus 2 Radiatoren versorgt, die während der Saison über eine Solarkollektoranlage warmes Wasser produzieren. Dabei findet eine starke Verdunstung und Mineralisierung der Fäkalmasse statt, denn ein Kompostierungsprozess kommt in diesen Höhenlagen kaum noch in Gang.

Kompost-Toiletten werden meistens in Hütten mit bis max. 2000 Übernach-

5.39
Die Toilettenanlage der Brunnsteinhütte der DAV-Sektion Mittenwald, Karwendel, liegt 1560 m ü.M. und ist mit TerraNova 75-Kompost-Toiletten ausgestattet.

5.40
Unter jeder Toilette befindet sich ein Kompostbehälter, Ein separates Trockenurinal für die männlichen Benutzer verhindert, dass der Kompost zu stark vernässt.

5.41
Je 2 Behälter sind an eine Abluftleitung angeschlossen. Für Versuchszwecke (Zugabe von Enzymen) wurde das Lüftungssystem innerhalb der Behälter verändert.

tungen je Saison eingesetzt. Höhere Besucher- und Übernachtungszahlen erfordern in der Praxis einen für viele Hüttenwirte nicht mehr vertretbaren Wartungsaufwand. Der Einsatz von Kompost-Toilettenanlagen in Extremlagen wie im Gebirge ist vor allem durch die starke Volumenreduzierung (bis auf 30% der ursprünglichen Fäkalmasse), die geschlossene Bauweise mit kontrollierbaren Entsorgungsöffnungen sowie durch einen geruchfreien Betrieb von Vorteil. Werden die Wartungsmaßnahmen eingehalten und die vorhandene Kapazität nicht dauerhaft überlastet, entsteht in den Anlagen ein erdähnliches Material, das in der Regel mit einer Lastenseilbahn oder per Helikopter ins Tal abtransportiert wird. Das nährstoffreiche Material darf vor allem in Hochgebirgslagen nicht vor Ort ausgebracht werden, da es zu stark die vorhandene Vegetation verändern würde und damit den Naturschutzgesetzen im Alpenraum entgegensteht. Die Investitionskosten für Kompost-Toilettenanlagen haben sich in der Regel durch die Kosteneinsparungen im Vergleich zu anderen Entsorgungssystemen schnell amortisiert (z.B. durch geringere Transportkosten gegenüber dem häufigeren Abtransport von Fäkalschlamm aus Sammelgruben mit wassergespülten Toiletten). Anders verhält es sich bei Hütten, die nur halb so hoch liegen, wie die Brunnsteinhütte bei Mittenwald (Abb. 5.39). Die bessere Erreichbarkeit beschert auch höhere Besucherzahlen, so dass Hütten wie diese bei guter Wetterlage ver- und entsorgungsmäßig gewappnet sein müssen. Deshalb wurden in der Brunnsteinhütte gleich vier Kompost-Toilettenanlagen eingebaut, auch um zu prüfen, ob diese Systeme zusammen mit einer Grauwasseranlage für Extrembelastungen geeignet sind.

Der Hüttenwirt ist mit dem Entsorgungssystem zufrieden, weiß aber auch von dessen Grenzen. Im Vergleich zu vorher haben die Kompost-Toiletten eine deutliche Verbesserung der hygienischen Bedingungen gebracht. Das erhöht auch die Attraktivität der Hütten, was man als Wanderer zu schätzen weiß.

5.12 Wochenendhaus mit Kompost-Toilettenanlage

Beim Aus- und Umbau eines ehemaligen „Heuerhauses" für bäuerliche Bedienstete zum Wochenendhaus bestand die besondere Herausforderung darin, anstelle der bisherigen Entsorgung über eine abflusslose Sammelgrube mit geregelter Abfuhr ein autonomes Verwertungskonzept für Schmutzwasser und organische Reststoffe zu realisieren. In einem bestehenden Anbau für das frühere „Plumpsklo" mit Fäkalgrube wurde ein Halbkeller zur Unterbringung eines Kompostbehälters mit Toilettenanschluss und einem Abwurf für kompostierbare Stoffe gebaut. Der Behälterraum ist von außen zugänglich und wird durch Schlitze in der Außentür belüftet. Ein windbetriebener Ventilator sorgt für eine ausreichende Be- und Entlüftung der Kompost-Toilette in der Zeit, während das Haus nicht bewohnt und der elektrisch betriebene Ventilator abgestellt ist. (Abb. 5.42) In die Kompost-Toilette wird je nach Jahreszeit und Verfügbarkeit Laub, Rasenschnitt, Strohhäcksel und Holzasche gegeben. Da der Behälter standortbedingt relativ kühl steht, findet auch in der warmen Jahreszeit nur eine geringe Verdunstung der Flüssigstoffe im Kompost statt. Trotz separatem Urinal mit Anschluss an die Grauwasserverwertung müssen nach 6 Wochenenden dem Behälter ca. 30 l Sickerwasser entnommen werden. Das Sickerwasser wird als Beschleuniger für die Zersetzung von Laub und Strauchschnitt in einem Gartenkomposter eingesetzt. Eine behördliche Forderung, den fertigen Fäkalkompost nach der Bioabfallverord-

nung zu entsorgen, konnte mit dem Hinweis entkräftet werden, dass die Verordnung nicht für Haus-, Nutz- und Kleingärten gilt. Der entnommene Kompost kann demnach als „behandelter Bioabfall" eingestuft und somit oberflächlich in den Boden eingearbeitet werden.

Die Grauwasserreinigung ist bedingt durch die Wochenendnutzung und den Einsatz von Wassersparamaturen auf einen minimalen Wasserverbrauch abgestimmt und muss durch eine von Hand zu bedienende Abwasserpumpe in Gang gehalten werden (Abb. 5.44). Je größer der Wasserverbrauch, desto häufiger muss vorgereinigtes Grauwasser auf ein Pflanzbeet innerhalb eines Anlehngewächshauses gepumpt werden. Das Grauwasser aus Bad und Küche wird vorab in einer Zweikammer-Absetzgrube mit 2,5 m³ Inhalt vorgereinigt und mit Hilfe der Handpumpe über ein Saugrohr in einen Hochbehälter mit 100 l Inhalt innerhalb des Gewächshauses gepumpt. Von dort wird die Bewässerung des Hochbeetes über einen Verrieselungsstrang nach Bedarf mittels Kugelventil gesteuert. Die verschiedenen Filterschichten sind gleichzeitig Wurzelraum für Gemüsepflanzen, insbesondere von Nachtschattengewächsen (Tomaten,

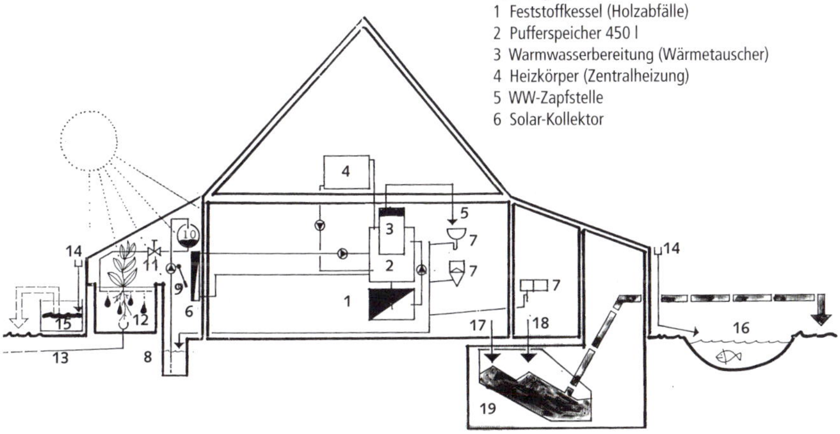

Heizungssystem
1 Feststoffkessel (Holzabfälle)
2 Pufferspeicher 450 l
3 Warmwasserbereitung (Wärmetauscher)
4 Heizkörper (Zentralheizung)
5 WW-Zapfstelle
6 Solar-Kollektor

Abwassernutzung
7 Sanitäre Objekte: Waschtisch, Urinal, Dusche, Spüle
8 Sammelbehälter
9 (Hand-) Pumpe
10 Sammelbehälter
11 Handventil
12 Filterbeet (Gemüsezucht)
13 Verrieselung des geklärten Wassers
14 Regenrinne
15 Zisterne
16 Gartenteich

Kompost-Toilette
17 Toilettensitz
18 Abwurfschacht für Küchenabfälle
19 Kompostbehälter

5.42
Der Erwerb eines Hauses ohne Ver- und Entsorgung kann für Tüftler eine willkommene Aufgabe sein, um sich vom Anschluss- und Benutzungszwang der Wasserbehörden befreien zu können – zumal, wenn die Reinigungswerte besser sind als die der meisten Kläranlagen.

5.43
Der Kompostbehälter wurde in einem Halbkeller mit Einstreu von außen untergebracht, bzw. unter das Haus „geschoben". So entstand ein darüber liegender Anbau zur Unterbringung von Bad und Abstellraum.

5.44
Schema der verschiedenen Wasserkreisläufe und der davon getrennten Kreisläufe der organischen Masse.

5.45
Ein nach Süden gerichteter Glasanbau fängt die Sonnenwärme über massive Ziegelsteinwände ein, die die Wärme erst verzögert wieder abgeben.

Gurken, Paprika). Das überschüssige und weitgehend gereinigte Grauwasser fließt am untersten Punkt in einer Rinne und nach Durchlauf eines Revisions- und Beprobungsschachtes in eine Verrieselungsstrecke zur Versickerung im Gartenboden. Durch passive Solarenergiegewinnung mittels Speicher- und Absorberflächen im Gewächshaus sowie durch Solarkollektoren in Verbindung mit einem Heizspeicher wird das Anlehngewächshaus so temperiert, dass Frostschäden auch in kalten Nächten bisher nicht aufgetreten sind. (Abb. 5.45).

Bei diesem Beispiel, das bereits vor 25 Jahren realisiert wurde, muss das Abwasserkonzept als für die damalige Zeit weit vorausschauend bewertet werden, umso mehr, als es zur Aufrechterhaltung der Systeme eine hohe Motivation und Übereinstimmung der Bewohner erfordert. Dabei wurden einfache ökologische Zusammenhänge in den Alltag integriert und zur Selbstverständlichkeit. Belohnung für diese Mühe ist das selbst angebaute Gemüse und ein Haus, das kein Abwasser produziert.

5.13 Tragbare Toiletten für den Notfall

Fern jeglicher Sanitäreinrichtungen ist es besonders in beliebten Wandergebieten und auf Rastplätzen häufig ein Ärgernis, auf die Hinterlassenschaften seiner Vorgänger zu stoßen. Will man selbst Vorbild sein, so gibt es leichte tragbare und verstaubare Trockentoiletten mit Sammelbeuteln, die auf längeren Wanderungen, Camps oder Feiern einfach im Freien oder in einem Zelt aufgestellt und unkompliziert benutzt werden können. Wie auch bei der Entsorgung von Hundekot in reißfesten Beuteln kann man dasselbe Prinzip auf die Sammlung menschlicher Fäkalien

5.46
Die TOA-Standard Toilette ist zwar nur ein Eimer mit Toilettensitz, dafür aber sehr flexibel im Einsatz beim Camping, auf Partys und als Nottoilette. Zusammen mit Rindenschrot als Einstreu ist sie eine vollwertige Streutoilette (Berger Biotechnik).

5.47
Die Klapptoilette für unterwegs und zwischendurch mit Polyethylensack für feste und flüssige Stoffe.

5.48
Klappgestell mit Toilettensitz und Einsatz zur Urintrennung (Separett Camping) sowie einem eingehängten kompostierbarem Sack.

übertragen und die Exkremente z.B. in kompostierbaren Beuteln sammeln und ausnahmsweise an entlegener Stelle ins Erdreich untergraben, wenn keine andere Entsorgungsmöglichkeit vorhanden ist. Geeignete Toiletten aus stabilem Karton mit Foliensack werden z.B. von Outdoor-Ausrüstern angeboten. Stapelbare Eimer mit Toilettensitz sind dagegen immer wieder verwendbar und können auch ohne Folienbeutel verwendet werden (Abb. 5.46). Will man die Toilette über mehrere Tage oder mit anderen Benutzern verwenden, so sollte Laub, Waldboden oder ein Gemisch daraus als Einstreu verwendet werden, auch, damit der Urin weitgehend gebunden wird.

Klappbare Toilettenkonstruktionen mit Sammelbeuteln sind ursprünglich für die militärische Nutzung entwickelt worden und für den Freizeitbereich inzwischen auch mit Urintrennung erhältlich (Abb. 5.47 - 5.49). Dies hat den Vorteil, dass die Feststoffe ohne weitere Bindemittel für Urin im Beutel gesammelt und verschlossen in die Abfallbeseitigung, sofern vorhanden, gegeben werden können. Der abgetrennte Urin kann über einen Schlauch in das Erdreich abgeführt werden, sofern es sich um einen Notfall handelt. Zur Regel darf dies nicht werden.

1 4

6 Rechtliche Belange

Kompost-Toiletten sind rechtlich weder als Abwasserbehandlungsanlage noch als Abfallbehandlungsanlage einzuordnen. Sofern der Verursacher nicht seinen „Entledigungswillen" erklärt, sondern das zu kompostierende Material als Wirtschaftsgut betrachtet, bedarf die Kompost-Toilette mit Kompostierungseinrichtung auf dem eigenen Grundstück keiner abfallrechtlichen Genehmigung, sondern ist eine Form der Eigenkompostierung. Allerdings darf der fertige Kompost nicht an Dritte veräußert werden [1].

Beispiel: Biologische Trockentoiletten in Kleingartengebieten

In Deutschland gibt es fast 1 Million Kleingärten auf privaten und öffentlichen Flächen mit einer Gartenfläche von insgesamt ca. 46.000 Hektar. Dies entspricht etwa 0,25% der landwirtschaftlichen Nutzfläche in Deutschland. Die Kleingartenparzellen sind durchschnittlich 370 m² groß und werden in der Gartensaison von ca. 5 Millionen Menschen genutzt [2]. Wo Menschen sich längere Zeit aufhalten, fallen Stoffwechselprodukte wie Kot und Urin an. Eine Toilette gehört daher zur Grundausstattung einer Gartenlaube.

Die Einrichtung und Nutzung von Kleingärten ist durch das Bundeskleingartengesetz [3] gesetzlich geregelt. Dabei geht es vor allem um die Bedingungen zur Erhaltung des Sozialstatus (kleingärtnerische Gemeinnützigkeit) für Pächter aus den unteren bis mittleren Einkommensschichten, die im Gegensatz zu Ferienhausgebieten mit vollständiger Ver- und Entsorgung nur geringe Pachten bezahlen müssen. So sind der dauernde Aufenthalt in Gartenlauben und die Ausstattung der Laube zu Wohnzwecken ausdrücklich verboten. Folglich sind die Installation von Wasserzapfstellen in den Lauben, wie es für eine Wasserspültoilette erforderlich wäre, und die Errichtung von Abwasseranlagen in Kleingärten unzulässig. Als Ausnahme gelten zentrale Sanitäreinrichtungen in Vereinsheimen und Kleingartenanlagen (Gemeinschaftstoiletten, Entsorgungsstationen). Weiterhin gibt es in einigen Verbänden (z.B. Berlin, Bremen, Mecklenburg-Vorpommern) Ausnahmen für abwasserlose Sammelgruben, wenn eine wasserrechtliche Erlaubnis vorliegt (z.B. bei Behelfsheimen mit Bestandsschutz).

Maßgaben, wie das Entsorgungsproblem im Kleingarten konkret zu lösen ist, gibt es auf Gesetzesebene nicht. Im Kommentar zum Bundeskleingartengesetz wird ergänzt: „Die Entsorgung kann über zentrale Einrichtungen in der Kleingartenanlage oder über Trockentoiletten in den Gärten erfolgen"[4]. Bei allen technischen Lösungen hierfür müssen Gesetze, wie das Wasserhaushaltsgesetz mit den jeweiligen Landeswassergesetzen und das Baugesetzbuch mit den jeweiligen Landesbauordnungen, berücksichtigt werden.

Die relativ bedeutende Bevölkerungsgruppe der Kleingärtner zeigt in ihrer Gesamtheit durchaus potenzielle Wirkungen auf den Naturhaushalt, z.B. wenn Abwässer nicht ordnungsgemäß behandelt und entsorgt werden oder der Boden durch Überdüngung oder durch unsachgemäßen Einsatz von Chemikalien belastet wird. Umgekehrt stellt das Kleingartenwesen ein großes Potenzial für den Einsatz von umweltgerechten und naturnahen Entsorgungsverfahren dar, die auch Vorbild für dezentrale Lösungen in anderen Bereichen ohne Infrastruktur sein können.

Einige der zuständigen Behörden, aber auch engagierte Vereine und Verbände, haben in ihren Satzungen das Toilettenproblem geregelt bzw. konkretisiert (z.B. Berlin, Frankfurt a.M., Hamburg). Dabei werden jedoch Begriffe wie „Trockentoilette", „Humustoilette", „Biotoilette" oder „Kompost-Toilette" ohne eindeutige Definition verwendet und sind z.T. irreführend. So kann eine Chemietoilette auch als Trocken- oder Biotoilette missverstanden werden, da der Inhalt als „biologisch abbaubar" gilt, vorausgesetzt, die Entsorgung erfolgt in eine ausreichend dimensionierte städtische Kläranlage (> 10.000 EGW). Um Umweltdelikte und Verstöße gegen das Wasserhaushaltsgesetz, z.B. durch die Entsorgung von Inhalten aus Chemietoiletten auf den Kompost, von vornherein zu unterbinden, schließen einige Verbände Chemietoiletten in Kleingartengebieten ausdrücklich aus (z.B. Bremen, Rostock, Sachsen).

Beispiel: Kompost-Toilettenanlagen im öffentlichen Raum

Kompost-Toilettenanlagen wurden bisher im deutschsprachigen Raum hauptsächlich in Wohngebäuden eingesetzt.

In Ermangelung einer allgemeinen bauaufsichtlichen Zulassung des DIBT (Deutsches Institut für Bautechnik) für Kompost-Toilettenanlagen muss in Bundesländern ohne diesbezügliche baurechtliche Regelungen für jedes Bauvorhaben mit einer Kompost-Toilette eine Zustimmung im Einzelfall beantragt werden. Eine Genehmigung für den Einbau einer Kompost-Toilettenanlage innerhalb eines Gebäudes, kann erreicht werden, „...wenn öffentliche Belange nicht entgegenstehen (z.B. ein Anschluss- und Benutzungszwang bei vorhandenen zentralen Entsorgungseinrichtungen, Anm. d. Verf.) und wenn insbesondere keine gesundheitlichen oder hygienischen Bedenken bestehen" [5]. Einzelgenehmigungen existieren daher in der Regel nur für Bauvorhaben, bei denen der Kompost auf dem eigenen Grundstück verwertet wird.

Die Genehmigung einer Kompost-Toilettenanlage kann versagt werden, wenn z.B. folgende Umstände vorliegen:

- Das Bauvorhaben liegt innerhalb der Wasserschutzzone I (Fassungsbereich Quelle, Brunnen) oder II (engere Schutzzone), in der generell keine organische Masse aufgebracht werden darf.
  Lösung: Der entnommene Kompost muss gesammelt und entsorgt werden oder darf bei erteilter Genehmigung in der Landwirtschaft oder im Gartenbau außerhalb der Schutzzonen verwertet werden.
- Die vorgesehene Toilette entspricht nicht dem Stand der Technik oder die eingereichten Unterlagen zeigen nicht auf, dass sich das System bereits bewährt hat (z.B. Selbstbau).
  Lösung: Hier empfiehlt es sich, das Vorhaben als Pilotprojekt oder Experiment zu erklären. Zumindest kann dadurch eine vorläufige Erlaubnis bzw. Duldung erreicht werden. In der Regel werden Auflagen verlangt, wie die parallele Ausstattung mit einem WC oder zumindest das Vorhalten aller für eine Umrüstung auf WC's notwendigen Anschlüsse.
- Das Bauvorhaben liegt in einem Überflutungsgebiet.
  Lösung: Der Kompostbehälter muss gegen Auftrieb gesichert und mit einer wasserdichten Wanne ausgestattet sein.
- Der Benutzerkreis nimmt regelmäßig Antibiotika ein.
  Lösung: Ausstattung mit Urin-Trenntoiletten, so dass ein Großteil der Schadstoffe, die hauptsächlich im Urin zu finden sind, wie üblich der Abwasserreinigung zugeführt wird und die gesammelten Feststoffe, nach Rücksprache mit der zuständigen Gemeinde, wie Hundekot der Abfallentsorgung übergeben werden.

Der Bedarf an kostengünstigen und umweltverträglichen Verfahren zur Fäkalienentsorgung im öffentlichen Bereich z.B. bei Veranstaltungen hat in den letzten Jahren zugenommen. Die Übergabe der gesammelten Fäkalien an Dritte zur weiteren Behandlung und Verwertung (z.B.

Miettoiletten für Feste) widerspricht jedoch dem geltenden Abfallrecht, da die Bedingungen für die Eigenkompostierung in diesem Fall nicht mehr gegeben sind (s.u.). Für Projekte mit Trockentoiletten im öffentlichen Bereich müssen daher Ausnahmeregelungen in Absprache mit der zuständigen Gemeinde getroffen werden (z.B. zeitlich befristete Genehmigung unter Auflagen für die Kompostierung mit Verwertung auf eigenen Betriebsflächen oder Übergabe an die öffentliche Abfallentsorgung).

Stichwort: Eigenkompostierung/ Eigenverwertung von Fäkalkompost

Menschliche Fäkalien (Kot und Urin) sind von der Bioabfallsammlung ausgeschlossen. Sie dürfen daher nicht über die Biotonne entsorgt werden. Welche Stoffe im Einzelnen für die Biotonne geeignet sind, wird durch die Bioabfallverordnung geregelt (Anhang 1, BioAbfV). Die dort aufgeführten biogenen Reststoffe sind pflanzlichen, tierischen und mineralischen Ursprungs. Die Bestimmungen der Bioabfallverordnung regeln nicht die Eigenkompostierung in Haus-, Nutz- und Kleingärten. Für die Verwertung von Kompost auf dem eigengenutzten Grundstück wird jedoch zukünftig der Nachweis einer ausreichend großen und geeigneten Ausbringungsfläche gefordert, um eine Überdüngung des Bodens zu vermeiden.

Menschliche Fäkalien enthalten Pflanzennährstoffe, werden jedoch nicht als Düngemittel in der Positivliste der Düngemittelverordnung geführt, so dass über die Eigenverwertung hinaus ihre garten- und/oder landwirtschaftliche Verwertung nicht möglich ist. Den einzigen Anhaltspunkt für einen Vergleich von Schadstoffkonzentrationen könnte Klärschlamm bieten, der jedoch nur bei der Einhaltung von Grenzwerten für Schadstoffe hilfreich ist. Es ist davon auszugehen, dass aufgrund ihrer Herkunft die Schadstoffbelastung von Fäkalien aus Trockentoiletten weit unter den zulässigen Grenzwerten liegt.

Für die eigene gartenwirtschaftliche Verwertung muss der fertige Fäkalkompost nicht unbedingt seuchenhygienisch unbedenklich sein, sofern dieser ausschließlich auf eigengenutzten Zierflächen ausgebracht und nicht an Dritte veräußert wird. Seuchenhygienische Untersuchungen, wie sie das Bundesseuchengesetz vorsieht, erübrigen sich, wenn der entnommene Kompost nicht für Nutzpflanzen verwendet wird. Die Regeln für eine fachgerechte Kompostierung mit einer Nachkompostierung von 2 x 6 Monaten sollten allerdings eingehalten werden (s. Kapitel 2).

Fazit

Solange der Besitzer einer Kompost-Toilette die Inhalte auf dem eigengenutzten Grundstück kompostiert und den entstanden Kompost auf dieser Fläche verwertet, gibt es keine abfallrechtlichen Hindernisse. Voraussetzung ist, dass das Wohl der Allgemeinheit nicht beeinträchtigt wird und die gesetzlichen Vorschriften für z.B. Trinkwasserschutzgebiete oder die Bestimmungen des Baurechts eingehalten werden. Die bestehende Gesetzgebung berücksichtigt jedoch nicht die aktuellen Entwicklungen in der Forschung und auf dem Markt, wenn es um die Verwertung menschlicher Fäkalien über die Eigenverwertung hinaus und die daraus hergestellten Substrate geht. Damit auch menschliche Fäkalien als Sekundärrohstoffdünger wie Abwasser und Klärschlamm anerkannt und gemäß den Forderungen des Kreislaufwirtschaftsgesetzes [6] verwertet und in Umlauf gebracht werden können, bedarf es noch eindeutiger Rechtsvorschriften mit entsprechenden Änderungen in der Gesetzgebung. Schließlich geht es um ein weltweit vorhandenes Potenzial an organischer Masse und an Pflanzennährstoffen, die es für den Erhalt unserer Lebensgrundlagen zu schützen und zu nutzen gilt.

Quellenangaben

[1] Bundesministerium für Umwelt, Naturschutz, Bau und Reaktorsicherheit BMUB (2014): „Hinweise zum Vollzug der novellierten Bioabfallverordnung (BioAbfV 2012)"

[2] Bundesverband Deutscher Gartenfreunde e.V.: http://www.kleingarten-bund.de/bundesverband/portrait/zahlen_und_fakten

[3] Bundesministerium der Justiz und für Verbraucherschutz BMJV (2006): Bundeskleingartengesetz § 3 (BKleingG, 1983)

[4] Mainczyk, Lorenz (2010): "Bundeskleingartengesetz – Praktiker-Kommentar mit ergänzenden Vorschriften", Rehm, Heidelberg

[5] aus: Hamburger Bauordnung (1986), § 45(6), bis Fassung von 1997, seit 2009 als interne Anweisung

[6] Bundesministerium der Justiz und für Verbraucherschutz BMJV (2014): „Gesetz zur Förderung der Kreislaufwirtschaft und Sicherung der umweltverträglichen Bewirtschaftung von Abfällen" Kreislaufwirtschaftsgesetz § 1 (KrWG)

Eine von mehreren Streutoiletten auf einer Bio-Messe in Colmar/Frankreich. Foto: Cl. Lorenz-Ladener

7 Fragen und Antworten

In meiner Toilette entwickeln sich immer mehr Fliegen. Was kann ich dagegen tun?

Fliegen werden durch Faul- und Gärgerüche angezogen. Sie deuten daher auf ein saures Milieu und/oder auf anaerobe Zonen hin. Diese entstehen vor allem, wenn das Material zu kompakt und zu nass ist, so dass nicht genügend Oberfläche für die Sauerstoffversorgung vorhanden ist. Mögliche Abhilfemaßnahmen sind:

1. Prüfen Sie mit einem Lackmussstreifen (pH-Indikatorstäbchen 0-14 oder besser 5,5 - 9) aus der Apotheke den pH-Wert. Bei einem pH-Wert unter 6,5 streuen Sie kohlensauren Kalk bzw. Naturkalk auf die Kompostoberfläche.
2. Um eine lockerere Struktur zu erzeugen, sollte man möglichst trockenes und feines Rindenschrot (bis Korngröße 20 mm) oder Schreddermaterial aus dem Gartenhäcksler zugeben. Die Strukturstoffe werden am besten mit einem Belüftungsstab oder einer Mistgabel schichtweise eingearbeitet.
3. Die Zugabe von Gesteinsmehl und das Bedecken der Oberfläche mit einer dünnen Schicht kalter Holzasche (ca. 1 l/m^2) wirkt ebenfalls gut.
4. Handelt es sich um Fruchtfliegen (auch Essigfliegen oder Taufliegen), vermeiden Sie die Zugabe von gärigen Reststoffen (Obstreste, insbesondere Reste von Äpfeln, Weintrauben und Maische) und essigsaurem Gemüse. Kompostieren Sie diese besser in einem separaten Gartenkomposter.
5 Mit den gleichen Stoffen können Sie Fruchtfliegen in eine selbstgebaute Falle locken, indem Sie in eine Flasche mit engem Hals gäriges Obst, Bier oder Wein füllen. Die Fruchtfliegen fliegen in das Gefäß hinein, kommen aber nicht wieder heraus. Stubenfliegen werden durch Zuckerwasser mit etwas Spülmittel angelockt.
6. Stubenfliegen und Fruchtfliegen mögen keinen Zimtgeruch und werden durch *ätherische Öle* vertrieben.
7. Bei Kompost-Toiletten mit elektrischem Ventilator erhöhen Sie die Ventilatorleistung. Der starke Luftzug vermeidet, dass sich Fruchtfliegen niederlassen. Fliegengaze an den Zu- und Abluftöffnungen behindert die Besiedlung mit Insekten von außen, erhöht aber die Widerstände im Lüftungssystem. In jedem Fall sollte der Ventilator nach Abklingen der Fliegenentwicklung mit einem feuchten Tuch gereinigt werden.
8. Geben Sie eine ca. 5 cm dicke Schicht aus welkem *Rasenschnitt* auf die Oberfläche. Die Schicht verhindert die weitere Entwicklung, insbesondere, wenn sie von kleinen Spinnen im Rasenschnitt kontrolliert wird.
9. Siedeln Sie *Baldachinspinnen* und *Asseln* in Ihrem Kompostbehälter an. Erstere finden sich mit durchhängenden Netzen in dunklen Kellern und Scheunen. Da sie lichtscheu sind, bleiben sie im Behälter und halten dort ihre Beute klein. Asseln findet man unter Brettern und Gehwegplatten im Garten. Auch sie scheuen das Licht.
10. Klebefallen (Leimfliegenfänger, Gelbtafeln), UV-Lampen und Staubsauger sowie die meisten Insektizide reduzieren die geschlüpften Insekten, können jedoch auch nützliche Insekten und Kompostorganismen abtöten. Haben die vorhergehenden Maßnahmen keinen Erfolg, kann man ein leichtes Insektizid anwenden, damit die Eiablage der Fliegen zerstört wird (Wachstumsregulation). Das Insektizid soll sich leicht und schnell im Kompost abbauen. Oft ist die Wiederholung der Maßnahme nach Gebrauchsanweisung des Herstellers erforderlich.

Was ist der Unterschied zwischen Rindenmulch und Rindenschrot?

Rindenmulch wird als Mulchdecke für Beete und Wege verwendet, um ungewünschten Pflanzenwuchs zu unterdrücken. Es muss daher keine weiteren Eigenschaften erfüllen und kann auch feucht oder grob sein. Rindenschrot dagegen ist vor allem zur Geruchsbindung in Streutoiletten vorgesehen. Die Rinde wird staubtrocken getrocknet und gehäckselt, damit Gerbstoffe gespeichert und Flüssigkeiten aufgenommen werden können.

Erst wenn das Rindenschrot befeuchtet wird, entwickelt sich die geruchsbindende Wirkung. Im Gegensatz zu Rindenmulch werden bei Rindenschrot durch den Trocknungsvorgang die Fliegeneiern abgetötet, was eine wichtige Voraussetzung für den Einsatz in Kompost-Toiletten ist. Achten Sie beim Kauf darauf, dass es sich um reines Rindenschrot ohne Zusatzstoffe handelt.

Der Toilettenraum riecht unangenehm. Habe ich etwas nicht beachtet?

Geruchsbelästigungen können ursächlich auf einen anaeroben Zustand des Materials (s.o.) hinweisen, treten aber oft erst durch unzureichend wirksame oder miteinander konkurrierende Entlüftungsvorrichtungen (Dunstabzug, Kamin) in Erscheinung. Lässt der bestehende Geruchsverschluss erst allmählich nach, so deutet dies meist auf verstopfte Zu- und Abluftleitungen hin. Gegebenenfalls muss die Ventilatorleistung erhöht werden.

Maßnahmen:

1. Der Ventilator in der Toilette sollte regelmäßig einmal jährlich gereinigt werden. Mit einer Flaschenbürste oder einem Tennisball, eingewickelt in ein Tuch, kann das Rohr von Spinnweben befreit werden.
2. Die Zu- und Abluftluftöffnungen am Behälter sollten möglichst frei von Hindernissen sein (keine Fliegengaze o.ä.). Kontrollieren Sie, ob der Toilettenraum und ggf. der Behälterraum Zuluftöffnungen (z.B. Schlitz unter der Tür) haben, damit durch den vom Abzug erzeugten Unterdruck frische Luft nachströmen kann (s. Kapitel 3).
3. Vermeiden Sie, dass sich Sickerwasser anstaut und der Kompost dadurch vernässt. Geben Sie Strukturmaterial zu und durchmischen Sie die Masse mit dem nassen Kompost.
4. Prüfen Sie, ob Konkurrenzlüftungen durch andere Lüftungsanlagen (Dunstabzug u.a.) vorhanden sind und reduzieren Sie diese ggf.
5. Achten Sie auf einen möglichst neutralen pH-Wert (6,5 bis 7,5). Bei einem zu hohem pH-Wert entsteht Ammoniakgeruch, bei einem zu niedrigen riecht es nach Essig (s. Kapitel 4).
6. Die beste Maßnahme gegen Gerüche ist eine regelmäßig durchgeführte Reinigung der Toilette innen und außen mit einem schonenden Reinigungsmittel (siehe auch S. 71: Betrieb und Wartung).

Womit kann die Toilette am besten besuchertauglich geputzt werden?

Zur Reinigung der Toilette verwendet man am besten eine Sprühflasche mit Essig-WC-Reiniger, verdünnter Essigessenz oder verdünnter Zitronensäure und Papier (vgl. auch Text zu Abb. 4.11 auf S. 54).

In meiner Trenntoilette ohne Lüftung riecht es nach Urin. Was ist die Ursache?

Vermutlich ist der Urinbehälter über einen Schlauch oder ein Rohr mit einer Trennvorrichtung innerhalb der Toilette verbunden. Da ein Geruchsverschluss durch Unterdruck wie bei Trenntoiletten mit Lüftung fehlt, sollte das Urinieren separat (Urinflasche, Sitzurinal) stattfinden. Bequemer ist es, wenn Sie einen Siphon (gekrümmter Rohrbogen) in die Urinleitung einbauen und nach jedem Urinieren mit etwas Wasser nachspülen. Ideal wäre Regenwasser oder die Zugabe von Zitronensäure, um der Bildung von Urinstein entgegenzuwirken. Ein Geruchsverschluss ist auch notwendig, wenn der Urin einer Abwassersammlung oder -entsorgung zugeführt wird.

Muss der Ventilator ständig laufen oder kann ich ihn nach jeder Benutzung abstellen?
Entscheidend ist, dass Ihre Toilette nicht unangenehm riecht. Wenn dies auch bei abgestelltem Ventilator zutrifft, ist ein Dauerbetrieb nicht nötig und das Einschalten nur gelegentlich angebracht, z.B. bei Benutzung oder bei Wetterwechsel.

Häufiges Ein- und Ausschalten ist aufwendig und verringert die Lebensdauer des Ventilators. Wenn Sie sich längere Zeit nicht im Haus oder in der Laube aufhalten, sollten Sie den Ventilator abstellen bzw. den Stecker ziehen. Eine funktionierende Auftriebslüftung, ggf. durch einen windbetriebenen Lüfter verstärkt, ist dann von Vorteil.

Muss ich bei einer Biotoilette umweltfreundliches Toilettenpapier verwenden?
Nein. Grundsätzlich können Sie jedes Toilettenpapier verwenden. Durch die Verwendung von Toilettenpapier aus Altpapier-Recycling können geringe Mengen Schwermetalle in den Kompost gelangen. Andererseits schont Recyclingpapier weiteres Abholzen von Wäldern und spart Wasser bei der Aufbereitung. Toilettenpapier aus Zellstoff-Neuware ist oft gebleicht, was den Kompostierungsprozess, auch bei chlorfrei gebleichtem Papier, erschweren kann.

Zellstoff ist ein Kohlenstofflieferant und verursacht in Klärwerken erhebliche organische Belastungen. Im Kompost wird der Zellstoff schnell durch den Urin aufgeschlossen und trägt zum Ausgleich des C/N-Verhältnisses bei. Je mehr Lagen ein Toilettenpapier hat und je stärker es gebleicht ist, desto länger dauert die Zersetzung. Dreilagiges Toilettenpapier ist im feuchten Kompost in der Regel innerhalb von 3 Monaten umgesetzt.

Ich reinige mich mit Wasser, anstatt mit Toilettenpapier. Ist das ein Problem?
Nein, wenn Sie die zusätzliche Flüssigkeit mit saugfähigen Materialien, wie Sägespäne, Zeitungspapier oder Erde binden. Bei Streutoiletten wie bei Trenntoiletten ist es am besten, von vornherein eine Anstauschicht in den Behälter zu füllen.

Dürfen auch Hygieneartikel wie Binden und Tampons in die Toilette?
Nein. Damenbinden, Tampons, Slipeinlagen oder Babywindeln sollten in einem separaten Abfallbehälter gesammelt und entsorgt werden. Andernfalls ist das Material auch nach 1-2 Jahren Kompostierungszeit noch im Kompost aufzufinden, hat aber sonst keinen negativen Einfluss auf die Kompostqualität.

Die kompostierbaren Beutel sind nach einem Jahr im Kompost immer noch nicht verrottet. Was mache ich falsch?
Vorausgesetzt, dass die Beutel als 100% kompostierbar zertifiziert und für die Eigenkompostierung geeignet sind, sollte der Kompost immer feucht gehalten werden. Am besten, man gibt auch Küchenabfälle und vorgerotteten Kompost hinzu. Damit sich die Feuchtigkeit hält und der Kompost vor Nässe geschützt ist, sollte man Toilettenabfälle in einem geschlossenen Komposter behandeln.

Um Austrocknung zu vermeiden, wird die oberste Schicht mit einer Mulchdecke aus 2-3 cm welkem Rasenschnitt, Laub oder Erde bedeckt. Hat der Behälter senkrechte Wände, kann man die Oberfläche innen auch mit einem zusätzlichen Deckel abdecken, der mit der ansteigenden Kompostmasse mit nach oben wandert. Machen Sie keinen Knoten in den Beutel. Den bekommen die Kompostorganismen nicht wieder auf.

Ich nehme mehrere Arzneimittel. Darf der Toiletteninhalt trotzdem auf den Kompost?
Die Vielfalt an Arzneimitteln, Antibiotika und Östrogenen ist so groß, dass keine endgültigen Aussagen über die Umsetzung der Stoffe im Kompost und deren Abbauprodukte getroffen werden können. Auch Klärwerke beherrschen dieses Problem nicht. Entscheidend ist, dass der fertige Kompost wie auch abgetrennter Urin und Sickerwasser nicht auf Flächen

für den Nahrungsmittelanbau gelangen. Die Zugabe von Pflanzenkohle wirkt sich positiv auf die Bindung von Arzneiwirkstoffen und den Abbau von Schadstoffen aus. Gleichzeitig dient dies der Hygiene, indem potenziell gesundheitsschädigende Stoffe und Organismen, wie Keime und Viren, nicht wieder in die Nahrungskette von Mensch und Tier gelangen.

Darf ich gespritztes Obst und Zitrusschalen in den Kompostbehälter geben?
Nach Möglichkeit nicht. Südfrüchte wie Bananen, Orangen und Zitronen sind, mit Ausnahme von Bio-Früchten aus kontrolliertem Anbau, mit organischen Chemikalien behandelt, die der biologischen Zersetzung entgegen wirken können. Eine Anreicherung dieser Stoffe kann daher auf Dauer den Kompostierungsprozess schädigen. Versehentliches Einbringen einer kleinen Menge ist jedoch kein Problem. Im Zweifel sollten Sie die Stoffe in die Restmüllentsorgung geben.

Wo kann ich die Toiletten bestellen bzw. auch einmal ansehen?
Inzwischen ist im Internet eine große Anzahl von Händlern vertreten, deren Angebote unterschiedliche Erfahrung und Kompetenz im Einsatz von Kompost-Toiletten erkennen lassen. Erfahrungsgemäß entscheidet am Ende nicht die Breite des Angebotes (alle Modelle, die am Markt erhältlich sind), sondern die Konzentration auf ausgesuchte Produkte, die für die vorgesehenen Anwendungen optimiert sind und sich in der Praxis seit vielen Jahren bewährt haben. Daneben informieren die Homepages einiger Hersteller auch über die technischen Eigenschaften ihrer Produkte. In Vereins- und Fachzeitschriften finden sich immer wieder Anzeigen von Anbietern, die Unterlagen über die Toilettensysteme per Post zusenden.

Die Informationen über das Internet und Prospekte ersetzen natürlich nicht die persönliche Fachberatung, z.B. auf Messen oder im Fachgeschäft. Deshalb ist es immer ein gutes Zeichen, wenn Anbieter in einem Ladengeschäft eine Bandbreite bewährter Toilettensysteme vorführen können, regelmäßig erreichbar sind und individuelle Fragen auch telefonisch fachlich kompetent beantworten können. Dieser Service des örtlichen Fachhandels kann von großem Nutzen sein, auch wenn etwas günstigere Angebotspreise reiner Internetanbieter verlockend erscheinen mögen. Schließlich muss der Fachhandel die Kosten für Ladenmiete, Personal, Service und Beratung in seiner Kalkulation mit berücksichtigen.

Glossar

Abluft Die einem Raum oder Behälter abgeführte bzw. abgesaugte Luft

Abwasser In seinen Eigenschaften verändertes Wasser. Häusliches Abwasser besteht aus Schwarzwasser (Braun- und/oder Gelbwasser), Grauwasser und Regenwasser.

aerob Unter Sauerstoffzufuhr, im biologischen Zersetzungsprozess unter überwiegender Beteiligung Sauerstoff atmender Organismen (Kompostierung, Rotte, Verwesung).

anaerob Ohne Sauerstoffzufuhr, im biologischen Zersetzungsprozess unter Luftabschluss mit Beteiligung von Sauerstoff meidender Organismen (Fäulnis, Gärung).

Außenluft Die aus dem Freien zuströmende bzw. angesaugte Luft

basisch (auch alkalisch) Reaktion im Boden, Kompost oder Wasser mit pH-Werten von über 7 bis 14.

biogene Reststoffe (auch Biomüll, Bioabfälle) Organische Reststoffe aus Haushalt und Garten, die biologisch abbaubar sind.

biologische Trockentoilette Trockentoilette mit Vorrichtungen zur Sammlung und Zwischenlagerung menschlicher Fäkalien. Der Kompostierungsvorgang findet in einer von der Toilette getrennten Vorrichtung statt.

DN-Rohrdurchmesser Bezeichnet die Nennweite von Rohren (Diameter Nominal). Die angegebenen Durchmesser geben den Außendurchmesser in mm an.

Double-Vault-Latrine Die Toilettenanlage besteht aus zwei dichten Fäkalkammern, die entlüftet und wechselweise befüllt werden, so dass eine Kammer jeweils bis zur Entnahme ruhen kann. Auf diese Weise wird erreicht, dass keine frischen Exkremente im entnommenen Material sind.

Eigenkompostierung Kompostierung von biologisch abbaubaren organischen Stoffen im Bereich ihres Entstehens mit dem Ziel, den Kompost vor Ort zu verwerten (z.B. Kompostierung durch Gartenbesitzer und Kleingärtner als Verursacher, Kompostierung durch Garten- und Friedhofsämter, Gärtnereien). Der Kompost dient der Eigenversorgung und wird nicht veräußert.

End-of-Pipe-Lösung Heutiges Prinzip der Abwasserreinigung durch Schwemmkanalisation: Erst, nachdem Abwässer aus unterschiedlichen Bereichen mit unterschiedlichen Qualitäten miteinander vermischt sind, wird mit Hilfe von Kläranlagen und weiteren nachgeschalteten Maßnahmen eine weitgehende Abwasserreinigung angestrebt.

Fäkalien (auch Ausscheidungen, Exkremente, Exkrete) Gemisch aus festen (Fäzes) und flüssigen (Urin) menschlichen Ausscheidungen.

Fäkalienkompost (auch Fäkalkompost) Fertigkompost aus Fäzes und Urin mit Zuschlagstoffen. Zur Vereinfachung fällt hierunter auch Fertigkompost aus Fäzes ohne Urin, der sonst „Fäzeskompost" benannt werden müsste.

Fäzes (auch Kot, Stuhl, Faeces, Fäces)
Feste menschliche Ausscheidungen ohne Urin

Fertigkompost (auch Reifkompost oder Komposterde) Pflanzenverträgliches Bodenverbesserungsmittel nach Abschluss der Aufbauphase im Kompost. Zur Versorgung von empfindlichen Pflanzen sollte Gartenerde oder Sand zugesetzt und vermischt werden.

Gelbwasser Sammelbezeichnung für Urin aus Separationstoiletten und Urinalen mit oder ohne Spülwasser. Es ist reich an Nährstoffen und weitgehend frei von pathogenen Keimen. Je nach Gesundheitszustand der Benutzer kann der Anteil an Schadstoffen (Medikamentenrückstände u.a.) variieren.

Grauwasser Abwasser aus Wasch- und Reinigungsvorgängen (Badewanne, Dusche, Waschbekken, Waschmaschine, Ausguss, Küchenspüle, Geschirrspüler) ohne Braun- und Gelbwasser. Es ist im Vergleich zu Braun- und Gelbwasser schwach belastet und kann mit verhältnismäßig geringem Aufwand zur Wiederverwendung aufbereitet werden.

Kompostierung (auch Rotte) Behandlungsverfahren zur Verwertung biologisch abbaubarer organischer Reststoffe unter gesteuerten und kontrollierten aeroben Bedingungen.

Kompost-Toilette
Trockentoilette mit Vorrichtungen zur Kompostierung von menschlichen Fäkalien oder Fäzes.

Rohkompost (auch Frischkompost)
Vorläufiges Endprodukt eines Kompostierungsvorgangs mit halbverrotteten Stoffen zur Fut-

terversorgung von Bodentieren. Kann als Kompoststarter oder zur Mulch- und Flächenkompostierung robuster Pflanzen eingesetzt werden.

Separationstoilette (auch Trenntoilette, Sortiertoilette) Trocken- oder Spültoilette mit einem im Toilettenbecken integrierten Urinal. Beide Toilettenarten gibt es mit und ohne Wasserspülung des Urinals. Spültoiletten sind in der Regel mit einer Zwei-Mengen-Spülung ausgestattet.

Sickerwasser (auch Prozesswasser) Drainagewasser aus Kompostierungsvorgängen, das z.B. als Flüssigdünger verwertet werden kann.

Stoffstromtrennung Aufteilung von Gesamtstoffströmen in einzelne Fraktionen und Qualitäten zur effektiveren Aufbereitung und möglichen Weiterverwendung von Abwasser und Abfall am Ort ihres Entstehens (im Gegensatz z.B. zur End-of-Pipe-Lösung).

Toilette als Raum wird so genannt, weil darin eine Toilette steht. „Zur Toilette gehen" ist unabhängig von der Bauart des Toilettensystems. Der Begriff „closet" = abgetrennter Raum (WC=water closet) bezieht sich auf Spültoiletten, bestehend aus dem Toilettenbecken mit Anschluss an eine Entsorgung, einem Toilettensitz und einer Spülvorrichtung.

Trockentoilette Toilette zur Entsorgung menschlicher Fäkalien ohne Wasser. Neben Kompost-Toiletten und biologischen Trokkentoiletten mit Verwertung sind Chemietoiletten, Verpakkungstoiletten, Verbrennungstoiletten und Gefriertoiletten auf dem Markt.

Eine **Trockentoilette** besteht aus einem Gehäuse mit Toilettensitz und einer Sammelvorrichtung bzw. einem Anschluss an eine Entsorgung (Sammlung und Behandlung eingeschlossen) ohne Spülvorrichtung. Das Produkt, auf dem man sitzt, heißt Toilette.

Das bauliche Gesamtsystem in einem Gebäude wird hier „Kompost-Toilettenanlage" genannt, entsprechend der allgemein üblichen Bezeichnung „Abwasseranlage" für den Anschluss von Spültoiletten, mit der die Abwässer aus z.B. Haushalten direkt oder indirekt einer Abwasserbehandlung zugeführt werden.

Toiletten ohne Trennung kann man im Gegensatz zu Trenntoiletten auch „Mix-Toiletten" nennen. Jedoch wird in Mix-Toiletten in der Regel nichts gemischt, sondern lediglich drainiert.

Trocknungstoilette Wasserlose Toilette mit Vorrichtungen zur Sammlung und Trocknung menschlicher Fäkalien. Die Trocknung erfolgt durch eine Wärmequelle (z.B. durch Sonnenwärme). Die getrockneten Fäkalien können anschließend separat kompostiert werden.

Urin (auch Harn) Flüssige menschliche Ausscheidungen ohne Kot

Zuluft Die einem Raum oder Behälter zuströmende bzw. angesaugte Luft.

Stichwortverzeichnis

Weitere Bücher im ökobuch Verlag

Mein kleiner Permakultur-Garten

300 kg Ernte auf 150 m² Fläche mitten in der Stadt. Der Autor beschreibt detailliert und gut übertragbar auf andere kleine Gärten die Rekultivierung eines Reihenhausgartens nach den Prinzipen der Permakultur. Er zeigt, wie sich auch dort beachtliche Ernteerfolge an Obst und Gemüse erzielen lassen. Von Joseph Chauffrey. 2. A. 2019, 109 S. m.v. Abb., 14,95 €

Permakultur im Hausgarten

Wie ein Hausgarten Stück für Stück zum persönlichen, vielseitigen Permakultur-Garten gestaltet oder umgestaltet werden kann. 10 Beispielgärten zeigen, wie unterschiedlich sich Permakulturprinzipien anwenden lassen. Von Jonas Gampe. 141 S. m.v.Abb., 5. A. 2020 16,95 €

Mein Selbstversorgergarten am Stadtrand

Permakultur auf kleiner Fläche. Der Autor zeigt, wie er im Hausgarten Obst u. Gemüse nach Permakulturprinzipien anbaut, so dass sich 2 Personen fast vollständig mit Nahrung versorgen können: Früchte, Kräuter, Pilze, Gemüse, Salat u.v.m. Mit Tipps zur Vermehrung und Anzucht. Von Kurt Forster. 4. Aufl. 2019, 125 S. m.v. farb. Abb., 17 x 24 cm 15,95 €

Urin – Flüssiges Gold für den Garten

Düngen mit Urin und Kompost im Garten mit Anweisungen zur richtigen Urinmenge und -ausbringung für den Anbau von Gemüse u. Zierpflanzen. Fragen wie rechtlicher Status u. agrarischer Wert von Urin als Dünger werden beantwortet. Von R. de Looze. 93 S. m. v. Abb. 14,95 €

Trocknen und Dörren mit der Sonne

Bau & Betrieb von Solartrocknern: Ein Buch für alle, die einen funktionstüchtigen Solartrockner kostengünstig selbst bauen möchten, um Obst, Gemüse und Kräuter natürlich und hochwertig haltbar zu machen. Außerdem: Praxis des Trocknens mit vielen Tipps aus langjähriger Erfahrung. Von Claudia Lorenz-Ladener (Hrsg.) 6. Aufl. 2019, 95 S., 17x24 cm 13,95 €

Natürlich konservieren

Die 250 besten Rezepte, um Gemüse und Obst möglichst naturbelassen haltbar zu machen und ein maximum an Vitaminen, Nährstoffen und Geschmack zu erhalten. Von Terre Vivante (Hrsg.). 157 S. m.v.Abb., 9. Aufl. 2017 13,90 €

Trockenmauern für den Garten

Bauanleitung & Gestaltungsideen. Ob Sitzplätze oder Hochbeete einzufassen, eine Hangfläche zu terrassieren oder das Grundstück einzugrenzen: Mit einfachen Werkzeugen kann jeder kostengünstig eine schöne und dauerhafte Trockenmauer selbst bauen. Von Jana Spitzer und Reiner Dittrich. 6. Aufl. 2019, 95 S., farbig, 17x24 cm, 13,95 €

Terrassen und Decks aus Holz selbst gebaut

Planung, Baukonstruktionen und Ausführung von kleinen und größeren Holzdecks einschließlich Kostenüberlegungen. Viele Beispiele und Schritt-für-Schritt-Fotos vermitteln das nötige Wissen, um selbst ein schönes Holzdeck bauen zu können. Von Peter Himmelhuber. 102 S. m.v. farb. Abb., 17 x 24cm 4. Aufl. 2020 14,95 €

Saatgut aus dem Hausgarten

Nach einer Einführung in die Saatgutgewinnung und die Vermehrung werden die nötigen Hilfsmittel, Ernte, Reinigung und Lagerung der Samen sowie Aussaat und Aufzucht beschrieben. Mit kurzen Pflanzenporträts aller im Hausgarten üblichen Kräuter, Gemüse und Blumen. Von Marlies Ortner. 136 S. m. v. farb. Abb., 17 x 24 cm, geb., 3. Aufl. 2018 19,90 €

Hütten von Kindern selbst gebaut

Das Buch zeigt schön illustriert, wie Kindern ohne großen Aufwand ihr eigenes kleines Reich erschaffen können, mit Baumaterialien, die fast alle draußen zu finden sind: Spielhäuschen, Kuppelbau, Schlupfwinkel, Beobachtungsversteck. Ab 8 Jahre. Von Louis Espinassous. 58 S. m.v. Abb., 21 x 21 cm, gebunden, 4. Aufl. 2018 13,95 €

Kleine Baumhäuser und Hütten

... kinderleicht gebaut. Hier wird gezeigt, wie Baum- und Stelzenhäuser gebaut werden können. Mit Anleitungen für verschiedene Konstruktionen und Bildern von realisierten Beispielen. Von David Stiles 93 S. m. v. farb. Abb., 17x24 cm, 7. Aufl. 2016 12,95 €

Holzbacköfen im Garten

Detaillierte Bauanleitungen vom einfachen Lehmofen bis zum gemauerten Brotbackhäuschen. Mit vielen Erfahrungen und Ratschlägen sowie pfiffigen Tips u. Rezepten. Hrsg. von Claudia Lorenz-Ladener. 138 S.m.v. farb. Abb., 20. Aufl. 2018 15,95 €

Anders gärtnern

Permakultur-Elemente im Hausgarten. Ob Kräuterspirale, Krater- bzw. Hochbeet, Kartoffelturm, Wurmfarm oder Erdgewächshaus mit Hühnerstall, bei allem dient die Natur als Vorbild. Mit vielen Anleitungen für einen Hausgarten, in dem die Bereiche harmonisch zusammenwirken und sich gegenseitig fördern. Von Margit Rusch. 8. Aufl. 2019, 94 S. m.v. farb. Abb., 17 x 24 cm 13,95 €

Einfache Lauben und Hütten selbst gebaut

Einfache Paradiese zum Selbstbauen. Bauanleitungen für schnell zu errichtende Behausungen (Tipi, Baumhaus, Kuppelbau, Hogan etc.), sowie für schöne Lauben für den Garten oder die freie Natur. Von Claudia Lorenz-Ladener (Hrsg.). 6. Aufl. 2018, 158 S. m.v.Abb., geb. 16,95 €

Wir pflanzen eine Laube

Bauen mit lebenden Gehölzen. Auch im Hausgarten ist es möglich, eine reizvolle Laube wachsen zu lassen. Mit Schritt-für-Schritt-Anleitung, auch zum Pflanzen, Flechten und Formen von Stühlen u. Tischen aus lebendem Holz Von Hermann F. Block. 3. Aufl. 2018, 101 S. farbig, 17x24 cm, 15,90 €

Mit Weiden bauen

Anleitungen für Zäune. Laubengänge, Wigwams, Sitzplätze und grüne Kuppeln. Pflanzen und Arbeiten mit lebendem Material, aus dem sich viele schöne, nützliche Dinge herstellen lassen. Von Jon Warnes. 9. Aufl. 2018, 60 S. m.v.farb. Abb., geb. 12,95 €

Färben mit Pflanzen

Färbepflanzen - Rezepte - Anwendung. Aufbereitung und Anwendung heimischer Färbepflanzen zum Färben von Wolle und Stoffen werden in zahlreichen Rezepten detailliert beschrieben. Von Dorit Berger. 3.Aufl. 2017, 96 S. m.v. farb. Abb. 17 x 24 cm, br. 12,95 €

Autonome Stromversorgung

Auslegung, Aufbau und Praxis autonomer Stromversorgungsanlagen mit Batteriespeicher für Beleuchtung und für netzferne Handwerks- u. Landwirtschaftsbetriebe. Von Philipp Brückmann u. Georg Bopp. 5.Aufl. 2020, 126 S. m.v. Abb., 17x24 cm 18,95 €

Heizen mit Holz

Umfassender Ratgeber über Holzeinkauf, Zurichten des Waldholzes, Lagerung und Trocknung, Anforderungen an Feuerstelle und Schornstein, verschiedene Ofentypen u. ihre Einsatzbereiche. Von Hans-P. Ebert u. Thorsten Beimgraben. 132 S. m.v.Abb., 16. überarb. Aufl. 2017 13,95 €

Regenwasser für Garten und Haus

Ein kompetenter Ratgeber für Planung und Bau von Regenwassersammelanlagen nach dem Stand der Technik: Bemessung, Genehmigung, Speichertanks, Pumpen, Rohrleitungen, Zubehör. Von Karlheinz Böse. 92 S. m.v.Abb., 17x24 cm, 7. überarb. Aufl. 2014 12,95 €

Hauserneuerung

Instandsetzen - Modernisieren - Energiesparen - Umbauen: mit Anleitung zur Selbsthilfe. Das Buch beschreibt den behutsamen, handwerklich sachgerechten Umgang mit alter Bausubstanz. Von G. Haefele, W. Oed und L. Sabel. 255 Seiten, 200 Abb., 21,5 x 21,5 cm, 17. verbess. Aufl. 2019 28,90 €

Preisstand: 1.10.2020

Unsere Bücher erhalten Sie in allen Buchhandlungen!